我发现了奥秘

世界上最最好玩的物理书

[韩]李浩先◎编著

吉林出版集团股份有限公司

图书在版编目(CIP)数据

世界上最最好玩的物理书/(韩)李浩先编著. —长春:
吉林出版集团股份有限公司, 2012.1(2021.6重印)
(我发现了奥秘)
ISBN 978-7-5463-8091-9

Ⅰ.①世… Ⅱ.①李… Ⅲ.①物理学—儿童读物
Ⅳ.①O4-49

中国版本图书馆CIP数据核字(2011)第264533号

我发现了奥秘

世界上最最好玩的物理书

SHIJIE SHANG ZUI ZUI HAOWAN DE WULISHU

出版策划：孙　昶
项目统筹：于姝姝
责任编辑：于姝姝
出　　版：吉林出版集团股份有限公司（www.jlpg.cn）
　　　　　（长春市福祉大路5788号，邮政编码：130118）
发　　行：吉林出版集团译文图书经营有限公司（http://shop34896900.taobao.com）
总 编 办：0431-81629909
营 销 部：0431-81629880/81629881
印　　刷：三河市燕春印务有限公司（电话：15350686777）
开　　本：889mm×1194mm　1/16
印　　张：9
版　　次：2012年1月第1版
印　　次：2021年6月第7次印刷
定　　价：38.00元

印装错误请与承印厂联系

写在前面

　　孩子的脑海里总是会涌现出各种奇怪的想法——为什么雨后会出现彩虹？太阳为什么东升西落？细菌是什么样的？恐龙怎么生活啊？为什么叫海市蜃楼呢？金字塔是金子做成的吗？灯是什么时候发明的？人进入太空为什么飘来飘去不落地呢？……他们对各种事物都充满了好奇，似乎想找到每一种现象产生的原因，有时候父母也会被问得哑口无言，满面愁容，感到力不从心。别急，《我发现了奥秘》这套丛书有孩子最想知道的无数个为什么、最想了解的现象、最感兴趣的话题。孩子自己就可以轻轻松松地阅读并学到知识，解答所有问题。

　　《我发现了奥秘》是一套涵盖宇宙、人体、生物、物理、数学、化学、地理、太空、海洋等各个知识领域的书系，绝对是一场空前的科普盛宴。它通过浅显易懂的语言，搞笑、幽默、夸张的漫画，突破常规的知识点，给孩子提供了一个广阔的阅读空间和想象空间。丛书中的精彩内容不仅能培养孩子的阅读兴趣，还能激发他们发现新事物的能力，读罢大呼"原来如此"，竖起大拇哥啧啧称奇！相信这套丛书一定会让孩子喜欢、令父母满意。

　　还在等什么？让我们现在就出发，一起去发现科学的奥秘！

目 录

神奇的力

　　牛顿告诉我们，地球上的所有物体之间都有吸引力，既然如此，为什么两个苹果没有吸引在一起，而是往下落呢？为什么雨是从天上往下落而不是往上飞呢？是一种怎样神奇的力量让自然界的一切都井然有序呢？

苹果为什么落在地上而不是飞向天上？

你有没有发现，你玩儿的玩具不小心从手里掉下来，是不是往下落了？当然是。你还可以观察你拿着的东西，不管是皮球，还是图画笔，还是一个羽毛球，都是往下落的。

所有的东西，不管是轻的还是重的，都是往下落的。

为什么向天上扔的东西，最后都会落到地上？今天我们可能会认为这个问题简直是太简单了，不就是地心引力作用的嘛！

可是，很久以前，人们只知道这个现象，并不知道是什么原因，后来，英国科学家牛顿发现了这个秘密。

牛顿生活在300多年前，他年轻的时候，就非常注意观察自然现象，不管什么事都在心里问个为什么。

有一天，牛顿正坐在一棵苹果树下看书，正在他看得入神时，忽然有一个苹果从树上掉下来，刚好落在他头上。

牛顿觉得很奇怪，苹果为什么掉在地上，而不向天上飞去呢？

在很久很久以前的古希腊，有一位大学者叫亚里士多德，他也发现了这个现象，他告诉人们："所有的物体都是从哪儿来回到哪儿去的。"

牛顿觉得亚里士多德的解释并不能使他满意。他不停地想，抓着苹果往下落的是什么呢？重力？牛顿又反复地做试验，他相信是重力的影响，所以苹果才总是落向地面。

那么，推而广之，牛顿告诉我们，地面上的所有物体都应该受到重力的影响。

地球的引力好大啊!

从"苹果落地"这个常见的现象里，牛顿看到了力的存在，这个力，牛顿叫它引力。牛顿认为，任何物体都有相互吸引的力。比如幼儿园的小强和小伟并排坐在一起，他们两个之间是有吸引力的。

可是，想一想，要是他们两个之间是有吸引力的，那么他们岂不是要粘在一起了？

但是，这样的情况是不会发生的。

牛顿发现，如果物体不是质量特别大的话，它们之间的吸引力非常小。物体的质量越大，它们之间的引力就越大；物体之间的距离越大，它们之间的引力就越小。

那么怎么感受到这个力呢？

那就要有两个特别重的物体挨着放在一起。

再举个例子吧，让两个300斤重的大胖子面对面地站着说话，他们之间的吸引力有多大呢？可能连根羽毛都吸不起来。

为什么是这样？

因为这个力太小了。

那要是让你站在一幢摩天大楼的面前，你能感觉到吸引力吗？

还是没有感觉到。

这又是为什么呢？

牛顿发现，地球上所有的物体都没有比地球更重的了，地球实在是太重太重了，能吸引任何物体，所以，地球上的物体都受到地球引力的作用。

因为有了地球的引力，苹果才会掉落地上。

因为有了地球的引力，雨才会落在地上，而不是在天上乱飞。

人因为受到地球引力，所以能踏踏实实地站在地上，人和人之间也不会粘在一起。

高楼大厦也因为地球引力的作用，才能屹立不动。

因为地球的引力太大了，所以地上的一切都能各就其位。

前边我们说的重力，就是地面附近的物体受到地球的万有引力而产生的。

现在，你明白了吧，地球的引力真

是太大了。

可是，你知道吗？地球在天体中质量还算很小的，但是它的万有引力已经具有很大的影响，它把人类、大气和所有地面上的物体都束缚在地球上，它还使月球和人造地球卫星绕着它旋转而不离去。

天上的星星为何聚集不散？

晴朗的夜晚，当你向天上看的时候，会发现星星一闪一闪的；第二天晚上再去看的时候，发现它们还在那儿。为什么它们能一直挂在天上呢？

牛顿认为地球引力不仅存在于苹果和地面之间，也存在于地球和月球之间，太阳和行星之间。宇宙中任何两个物体之间都存在着相互吸引的力，这就是万有引力。

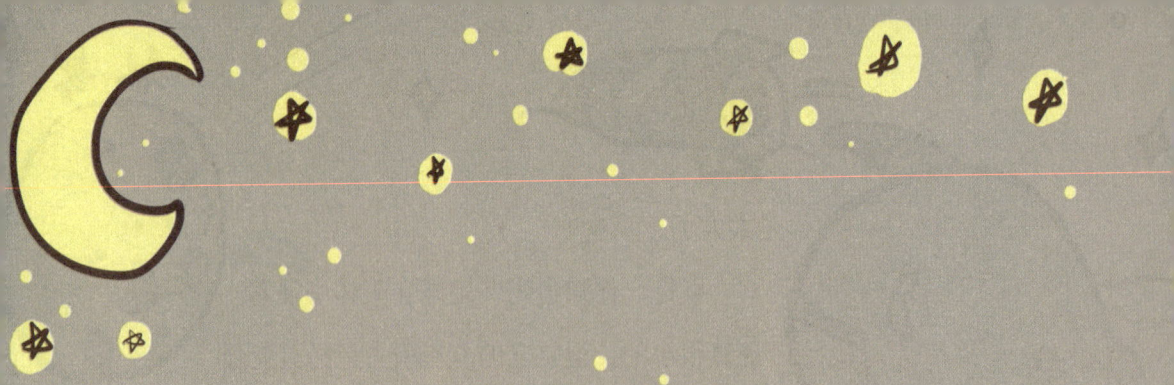

万有引力是由于物体具有质量而在物体之间产生的一种相互作用力，它的大小跟物体的质量以及两个物体之间的距离有关。

一般物体之间的引力也是很小的，例如两个直径为1米的铁球，紧靠在一起时，引力是非常小的，相当于0.03克的一小滴水的重量。但地球的质量很大，这两个铁球分别受到很大的地球引力，所以研究物体在地球引力场中的运动时，通常都不考虑周围其他物体的引力。

又比如，地球比月球的质量大得多，所以，月球受到地球的引力就围着地球转。

太阳和地球的质量都很大，但是太阳的质量更大，巨大的引力就能抓着地球围绕太阳转动。

太阳能抓着宇宙中的八大行星绕着它旋转而不离去，就是由于万有引力的作用。

银河系里还有上百万个恒星，它们都是球状星团，它们之所以没有散开，也是万有引力的神奇作用。

哈雷彗星是怎么命名的?

既然万有引力适用于整个天体，当然也适用于彗星。牛顿的同事哈雷曾经用万有引力定律计算出了1682年出现的彗星轨道，哈雷预言，这颗彗星的运转周期大约为76年，那么，在1758年，这颗彗星将再次出现。

1743年，法国数学家科雷罗考虑到土星和木星的干扰，对哈雷的计算结果做了修正，预言哈雷彗星将于1759年4月出现。这颗彗星果然如期出现在夜空中。为了纪念哈雷的预言，后来这颗彗星就被命名为哈雷彗星。

是我在推墙
还是墙在"推"我？

你有没有过这样的感觉，当你双手用力推墙的时候，墙也在推你。可是，墙壁是静止不动的啊，怎么会"推"我呢？再来观察观察你的小书桌吧，上面有什么？书、铅笔、橡皮、小本、一杯牛奶……前边我们说过了，地球上的一切物体都受到地球的引力而往下落，可是，它们为什么没有往下落，而是静止在小书桌上呢？一定还有别的力。是谁给书施加了力，而使它没有动起来呢？

有作用力就有反作用力

再做一个实验。你穿上旱冰鞋，然后用双手推墙，你会感到墙在推你，你自己也会后退。你越用力推墙，你后退得就越远。

你施加给墙的力就叫作用力，使你后退的力就是墙对你的反作用力了。

作用力和反作用力是物理力学中一对非常重要的概念。牛顿是这么描述这一对力的：

"两个物体之间的作用力和反作用力总是同时出现，大小相等，方向相反。我们把其中的任意一个力叫作用力，另一个力就叫反作用力。"

因为有了作用力和反作用力，我们的生活变得方便了。因为有了反作用力，我们能够行走。

假如人踏在地面上向后作用的力为作用力，那么地面推脚掌向前作用的力就是反作用力了。一对大小相等、方向相反的力使人可以正常行走。

运动员在跳高时，会用力地蹬地面，这样通过反作用力使自己向上弹起。一般来说，脚蹬地面的力量越大，弹起越高。

还以一本书为例吧，你的书桌上有一本厚厚的词典。它放在桌子上，它对桌子是作用力，桌子又给它一个反作用力，所以它是静止不动的。你再用手把它拿起来，你会感觉到，书受到地球的引力往下沉，为了不让书落下来，你的手掌会用力往上托。书越重你就得越用力，这样书才能稳稳地拿在你手上，要不它就掉下去了。不信，你试试吧。

是风吹树动吗?

　　给你讲个中国古时候的故事吧:很久以前,有张、王两个秀才在晚亭相聚吟唱,忽然一阵秋风,吹得杨树簌簌作响。王秀才不由得一阵感慨,吟道:"树欲静而风不止。"张秀才唱得更是凄凉:"树大招悲风。"

　　如果按作用力和反作用力原理来解释的话,那么谁的说法更对呢?

　　咱们可以这么理解,秋风是作用力,作用在杨树上,杨树产生一个反作用力,作用到空气,使空气压缩、振动,于是树叶簌簌作响。所以,王秀才说得在理。张秀才的意思是:有树才有风,这是不对的,没有树照样可以刮风。风使很多的空气分子朝着一个方向运动,作用到树上,树就动了。

　　作用力和反作用力是一对矛盾,共生共灭,但有一个是主动的,另一个是被动的,可不要弄混了哦。

我们来做一个试验吧，你向地上扔一个铁球，地面被砸了一个大坑。这里，铁球的重力是作用力，地面的反抗是反作用力。你不能说："由于铁球对地面有一个作用力，于是铁球对地面产生一个反作用力，这个反作用力就是铁球的重力。"这样说，可就让人笑掉大牙了。

同样，当你用手拍桌子的时候，为什么会感觉到手疼呢？这是因为你对桌子施加作用力的同时，桌子也对你施加了反作用力。

乌贼也会利用反作用力呢！

作用力和反作用力不仅给人类的生活带来方便，也使动物的生活更加自由自在。乌贼就是利用了反作用力而使自己在水下无敌手。

小小的乌贼靠什么打败强大的敌人呢？原来乌贼的体侧有孔，前面还有一个特别的漏斗，它在水里活动时，将水吸入鳃里，然后缩紧身体。当敌人来攻击它时，它就会用飞快的速度将口袋状漏斗内的水分从漏斗口急速地喷出来。这时候，我们发现牛顿第三定律起作用了，它得到了一个相反的推力，在推力的作用下，它的身体向前游去，墨汁向后喷出，敌人被这些墨汁迷住了，乌贼就借此机会逃之夭夭了，所以，人们又把它叫作墨鱼。

　　有趣的是，乌贼布设的黑色烟幕，与自己的体形基本相似。它喷出的墨汁还有毒素，可以麻痹敌人。黑色烟幕的出现，给敌人留下的影响可以保持10多分钟。无论多么勇猛的敌人，见了这种情景，都会感觉莫名其妙，不知所措。

　　我们都知道，地球已经存在很多很多年了，

19

动物界和人类都在不停地进化中，都形成了自己独特的生存方式。当然了，它们都很聪明地利用了自然规律。

比如，水母也是通过反作用力在水中自由行走的。它们在收缩肌肉的同时，自己那钟形的身体下面会排出水来，从而得到反方向的推力，这样就能在水中自由行走了。

火箭是怎么升空的?

早在20世纪70年代,美国就制造了一种航天飞机,使用的是火箭动力。1981年4月12日,人类第一架航天飞机"哥伦比亚"号发射升空。

火箭升空也是利用了作用力和反作用力的原理。火箭发射升空时,作用力把燃料燃烧释放出来的气体向下喷发,这些气体反过来给火箭施加了一个反作用力,方向向上。在这个动力下,火箭带着卫星升向高空。

在火箭发射前的一段时间内,加注工作维持到发射前最后两分钟才停止。为保证火箭的动力,加注工作维持到发射前最后两分钟才停止。将充气气球的嘴松开,气球里的空气会向后喷出,这些气体反过来给气球施加了一个大小相等的反作用力,导致气球向前运动,也就是与喷出气体相反的方向运动。这样,火箭就飞向浩瀚的宇宙了。

摩擦力是好的还是坏的？

乒乓球在光滑的表面只要轻轻一动，它就会一直滚下去，是不是很有趣呀？可是，要是把我们的书放在桌面上也是到处滑，是不是很烦恼呢？要是你肚子疼了要去卫生间，可是地太滑了，你根本进不去，墙也是滑滑的，那可不好了！

表面越粗糙，摩擦力就越大

炎热的夏天，假如我们用湿乎乎的小手去拧饮料的瓶盖，是不是觉得滑滑的，拧不开呀？在一块玻璃上写字是不是觉得很费劲呀？穿着球鞋在冰面上行走，是不是会滑倒啊？一件新衣穿了一段时间，为什么花纹被磨平了？如果自行车轮轴上长时间不加润滑油，车轱辘就转不动了，这又是为什么呢？

这一切都是摩擦力在起作用。

摩擦力是两个表面接触的物体相互运动时互相施

加的一种物理力。在我们这个地球上，摩擦力是无处不在的。

你有没有发现，在平滑的路面上，你穿着不同的鞋子，走起路来的感觉是不一样的。要是穿着鞋底比较平的皮鞋，你会觉得走起来是滑滑的，要是换上运动鞋，特别是带着鞋钉的运动鞋，就不会觉得滑了。

这说明，摩擦力的大小和接触面的状态有关，接触面越粗糙，摩擦力越小。速滑运动员穿的鞋子上有一个刃片，也叫"兵刃"。兵刃越宽，摩擦力越大，运动员的速度就会降低。兵刃越薄，在冰面上滑行时摩擦力越小，滑起来就非常快。穿着运动鞋在沙土上行走，摩擦力大，走起来就慢了。

轮子为什么都是圆形的?

在人类无数的发明创造中,圆形的轮子可以说是最伟大的发明。毫不夸张地说,它比蒸汽机、发电机、计算机的出现都更有意义。因为如果没有轮子,人类以后的许多发明就不可能出现了。我们的生活和工作都离不开轮子,例如车轮、滑轮、齿轮、轴承等等。没有轮子,我们没法乘车出行;没有轮子,婴儿车没法转;没有轮子,起重机没有用处;没有轮子,轮船没法航行……尽管轮子的种类很多,形态各异,但它们都有一个共同的特点,那就是,轮子都是圆形的。

可是,为什么轮子都是圆形的,而不是方形、菱形或三角形的呢?

因为在运动的物体之间,或者在机器部件的相对运动中,都会有摩擦力。

现在,我们还是来做个试验吧。你拿一个圆形的乒乓球和一个三角尺,在铺着光滑的瓷砖的地上,用同样大的力把它们放在地上,你会发

现什么？对！乒乓球滚了好远好远，可三角尺却没动！

这是一个简单的现象，人们却从中受到启发，把轮子做成了圆形的，圆形的轮子在运动时与地面产生滚动摩擦，其他形状的轮子则不会产生滚动摩擦。

想象一下，要是将轮子做成其他形状的，例如长方形、正方形、三角形、菱形或椭圆形等，会怎么样呢？车子会忽高忽低，车子上的人和货物就会处于不断地颠簸之中，人会感到不舒服，货物会被损坏，而且车子的速度也会很慢。所以，轮子都被做成圆形的。

磁悬浮列车是悬在轨道上方的吗?

你发现了吧，所有车辆的轮子都是圆形的，汽车的圆形车轮与地面之间有摩擦力，使车轮沿着一个方向向前行驶。

火车与钢轨之间的摩擦力使车轮向前滚动。

轮子滚动的速度越快，摩擦力就越大，当摩擦力足以毁坏车轮或钢轨时，列车的速度就达到了极限。

我们知道，火车的速度已经越来越快了，可是，火车的速度还能更快吗?

这就需要一个前提条件，就是减小和克服车轮与轨道的摩擦力。

一般的列车因为无法克服车轮和铁轨之间的摩擦力，那么它的速度是有限的。磁悬浮列车却通过克服摩擦力达到常规列车无法达到的高速度。

磁悬浮列车的速度可以达到每小时400至500千米，想想看，坐在里面是不是觉得列车飞起来了?

磁悬浮列车是怎么克服车轮和铁轨之间的摩擦力的呢?

我们来做个实验吧, 把两块磁铁相同的一极靠近, 你会发现, 它们是相互排斥的, 反之, 把相反的一极靠近, 它们就互相吸引。磁悬浮列车其实就是使用这两种吸引力与排斥力将列车托起, 使列车悬浮在轨道上方。列车和轨道之间没有直接接触, 摩擦力大大减小了, 运行速度也就大大加快了。

没有摩擦力太可怕了!

在我们这个世界, 时时处处都存在摩擦力, 我们的衣食住行都不能离开摩擦力, 可是摩擦力也给我们带来了许多不便和烦恼。

新鞋会磨坏、新衣会变旧、家电会磨损、工厂的机器设备也由于

磨损而要定期检修更
换……所有这一切都是由于摩擦力在作怪，
那么，是不是没有摩擦力就好了呢？

这样说是不对的。摩擦力是我们人类的朋友，可以毫不夸张地说，我们的衣、食、住、行、用一刻也离不开摩擦力。假如有一天摩擦力突然消失了，世界将是什么样子呢？

如果没有摩擦力，手、筷子和食物间的摩擦力消失了，我们就没法把食物送进嘴里了。

如果没有摩擦力，手、鼠标、键盘之间的摩擦力都没了，我们的手握不住鼠标，打不了字，我们也就没法上网学习、工作和浏览消息了。

如果没有摩擦力，医生拿不住手术刀，那才可怕呢！

如果没有摩擦力，我们甚至将没有任何衣服、鞋袜可穿。因为布是靠棉纱的经线和纬线间的摩擦力而交织在一起的；就算是有了布也做不成衣服，因为衣服的一块块布料是靠布和线间的摩擦力而连在一起的。

如果没有摩擦力，衣服也会从我们身上滑下来，冬天多冷啊！

如果没有摩擦力，我们将寸步难行。

我们能在地面上行走，就是靠鞋底和地面间的向前的摩擦力。下雪天汽车在路面上会空转打滑，人走在光滑的路面上也会摔倒，正是由于摩擦力减小的原因。冬天，中国北方地区汽车的轮子上部都要绕上防滑铁链，就是为了在冰冻的路面上增加摩擦力，保证安全行驶。

没有了摩擦力也就没有了电视、计算机、房屋、家具，因为这些电器和设备的元件固定在一起要靠螺栓，而螺栓的连接全靠摩擦力。

就连我们的手指上都长着凹凸不平的纹路，它们可以增加摩擦力，使我们能够抓取物品，也使物品不会从我们的手上滑落。要是没有了指纹，就没有了摩擦力，我们的生活将会多么不便啊！

最早的轮子是什么样的？

我们在电影上常常看到古埃及、古罗马的士兵驾驶着带着轮子的战车与敌人战斗。

大约5 000多年前，在今天的伊拉克就出现了轮子，那时候轮子被用在双轮运货马车上来运输笨重的货物。后来，人们把轮子装在双轮马拉战车上，成为军用运输工具。

最早的车轮是木制的，中间钻一个洞，装上车轴，外形是方的，把方形的切割成圆形的。有些地方的人们还用石料制造轮子。早期的木轮或石轮很牢固，但是也很笨重，拉起来又费力又慢，还咕噜咕噜的特别响。

后来，人们发明了带辐条的轮子，这样的轮子比较轻，跟地面的摩擦力较小，跑起来也快了。到公元前2000年以后，这种轮子就逐渐流行开了。到了现代，人们还发明了螺旋桨、飞轮、陀螺仪、涡轮机等，这些都是从车轮演化而来的。

趣味问答

急刹车时乘客为什么会向前倾倒?

公共汽车突然启动时, 乘客为什么都向后倾倒, 急刹车时乘客为什么都向前倾倒? 小朋友正在奔跑时, 要是被绊倒了, 为什么总是倒向前方? 子弹离开枪膛以后为什么会继续在空中飞行? 这些都是我们在日常生活中经常会遇到的现象, 这些现象都可以用惯性定律来解释。

惯性是物体保持运动状态的奥秘

在公交车上，如果遇到紧急情况，司机紧急刹车，站在车厢中的乘客就会不由自主地向前倾倒，就算是事先有准备，也会感到身体向前猛地摇晃一下，这时候，必须努力地向后拉身体，才不至于倒向前边。坐

在座位上的乘客也会向前倒。

这是怎么回事呢？

我们知道地球上所有的物质都要受到力的作用。

因为有了力人能站稳，书桌上的书能静止不动。但是，正在运动的物体，比如汽车，如果不给它施加外力的话，它会一直跑下去，坐在车里的人也会一直跟车保持相同的方向。

科学家牛顿告诉我们，这是惯性运动的结果。他指出，物体的质量越大，惯性也越大，质量是物体惯性大小的量度。每个物体都要保持它的静止状态或沿着直线做匀速运动的状态，除非对它施加外力以迫使它改变这种状态。这就是惯性定律，也叫牛顿第一定律。

现在你知道了吧，紧急刹车的时候，车受到了外力作用，惯性被改变了，它的方向就改变了，人的运动方向也变了。本来乘客与汽车是以同一速度向同一方向前行的，当汽车急刹车时，乘客的脚的运行速度已经随着车急剧减慢了，而身体的上部因为惯性作用，还要保持原来的速度继续向前运动，所以乘客就会往前倒了。

同样的道理，如果

汽车突然启动，车上乘客的脚已经随着车向前运动了，可是身体的上部还保持着静止状态，所以乘客要向后倒。

为了使乘客不至于因为启动和刹车而摔倒，公交车、地铁上都安装了扶手。在启动和停车的时候，乘务员会提醒乘客"前方到站请坐稳扶好"。另外，乘务员阿姨会安排老人和小朋友坐下，以免倒下摔伤。等你长大了，在坐公交车时，也一定要把座位让给老人和孩子，保证他们的安全。

还要告诉你啊，在我们的生活中，惯性是无处不在的。比如，穿着旱冰鞋滑冰，可是当你要停下来的时候，因为惯性作用，它还会滑行一段距离。这时候，你要是在人很多的广场上可要注意，不要撞到别的小朋友。特别是在狭窄的小巷里滑旱冰，要是突然遇到迎面驶来的汽车，你又不能很快停下来，那可是会发生危险的。知道了这些道理，就要多加注意哦。

从高速行驶的汽车上跳下后会怎样？

你有没有想过这个问题：在高速行驶的汽车上跳起来，为什么还会落在原来的位置呢？

也许你会认为，在起跳落下的过程中，火车已经又行驶了一段距离，所以跳起来的人应该落在起跳点后面的位置。可实际情况是，不论你跳多高，如果这辆火车在匀速行驶的话，这个乘客不会向前倒也不会向后倒，而是停在原地。

这还是惯性定律在起作用。牛顿告诉我们，在物体不受外力作用的情况下，它的运动状态是不会改变的。人在火车中虽然站立不动，但他也是以与火车相同的速度前行的，当他向上跳起的时候，还在以同样的速度随着火车前行，所以，当他落下时还在原来的位置。

战斗机作战为什么要扔掉副油箱?

你看过打仗的电影吧，空军作战，战斗机起飞时都要把油加满，这是为了保证飞机能在空中飞行足够长的时间。那你有没有注意到，有时候，战斗机还要带一个大大的副油箱呢，里面也装满了油。

可是，当战斗开始后，那个副油箱太重了，飞机的惯性增加了，战斗机就不那么灵活了。

怎么办呢? 你会看到飞行员把副油箱扔掉了，这是为了减小战斗机的惯性，这样，战斗机加速、减速、升降、转弯就更加灵活了，战斗力也就增强了。

如果还带着副油箱，飞机转弯、升降都不灵活，就会被敌机打中了。

还有柴油机也用了相同的原理。柴油机工作时，要吸气、压缩、做功、排气，为了保证柴油机连续地工作，人们利用惯性原理，给柴油机安装了一个又大又厚的飞轮，飞轮转起来，那惯性可就大了。

飞轮高速旋转，由于惯性作用还可贮藏能量，也可释放能量，克服运动阻力，使发动机运转平稳。当超速运转时，它能把能量贮藏起来，使其缓慢提速，避免猛然高速运转，造成来不及操纵而失去控制的情况。

停

宇宙飞船飞行时要靠惯性吗？

你想过去宇宙旅行吗？你肯定非常想去，怎么去呢？坐宇宙飞船啊，苏联的宇航员加加林就是乘坐宇宙飞船到太空去的，将来我也可以到宇宙中去转一圈。你的想法一点儿也没错，说不定你长大了，理想就变成现实了。

可是，宇宙飞船在宇宙中飞行，也要依靠惯性呢！我们说过，惯性就是不给运动的物体施加任何力的时候，它会向着相同的方向，以相同的速度一直运动下去。宇宙飞船刚升空时，是靠着燃料燃烧推动它向上运动的。在空中飞行达到一定的速度以后，它就不再喷射火焰推动它往前飞了，但宇宙飞船仍然会以同样的速度向前飞行。这是因为，宇宙是真空，没有任何阻力，所以宇宙飞船就可以依靠先前的惯性一直恒速地向前飞行了。

趣味问答

过独木桥时为什么要摆动双臂？

当你走在一个小独木桥上的时候，你的双手会不停地摆动，而且还是左脚向前的时候右手摆动，右脚向前的时候左手摆动，你说你在找平衡呢！可是物理学告诉我们，摆动手臂是因为脚的重心变化了，需要摆动手臂来控制重心，保持动态平衡。

载重汽车的重心会变呢！

我们的地球好重啊，地球上的任何物体跟地球比起来，都显得微不足道。所以，地球会把它上面所有的物体都拽向自己，这种力量就叫重力。如果改变物体的方位，它所受到的重力的合力都会通过某一定点，这个点就叫物体的重心。

对于质量均匀的物体来说，重心的位置只跟它的形状有关，比如一个质量均匀的铁球，它的重心就在中心。

物体的质量分布不均匀时，重心是不固定的。举一个例子吧，一辆载重汽车在没有装货时，它的重心是在底盘处，当装货后，它的重心就会升高到底盘以上，而且随着装货多少和装载位置的变化，它的重心是不断变化的。同样的道理，起重机的重心也是随着提升物体的重量和高度而变化的。

不倒翁体内为什么要放一块大铅球?

你玩过不倒翁吗?不论你怎么推它，不论它怎么摇晃，它都不会摔倒，等停止摇晃后，它还会稳稳地立在桌子上呢。不倒翁为什么永远不会倒呢?

这也是重心和重力共同作用的结果。

物体的重心是其所受重力的合力作用点，合力为零的时候，它就会保持平衡。如果重心集中在底部，它的底面积越大，重心越低，它就越稳定，越不容易翻倒。比如，我们看见的佛塔都是下面大上面尖，要是倒过来，它就站不住了。

　　不倒翁的上半身是用比较轻的材料做成的，但在它身体内的底部有一块较重的铅球或铁块，这使不倒翁的重心很低；另一方面，不倒翁的底面又大又圆滑，容易摆动。当不倒翁向一边倾斜时，由于支点发生变动，重心和支点就不在同一条铅垂线上，这时候，不倒翁在重力的作用下会绕支点摆动，直到恢复正常的位置。不倒翁倾斜的程度越大，重心离开支点的水平距离就越大，重力产生的摆动效果也越大。

　　正是因为充分运用了重心平衡的原理，不倒翁才永远不倒。

高空走钢丝时为什么要用一根竹竿?

　　你见过高空走钢丝吗？也许你只见过杂技演员在细细的钢丝上行走自如，可是你已经紧张得手心出汗了。

　　放心吧，表演者虽然没有用保险绳保

护自己，但也不会从钢丝上摔下来的，这是为什么呢？你会说，他手上有一根长长的竹竿，可你知道这根长竿对他有什么帮助吗？

原来，这根竹竿正是为了使他保持平衡的，身体平衡了，就不会从钢丝上掉下来了。

我们知道，不论什么物体都要保持平衡，物体的重力作用线必须通过支面，如果重力作用线不通过支面，物体就会倒下。

根据物体平衡的条件，要求高空走钢丝的演员，始终使自己身体的重力作用线通过支面——悬空的钢丝。由于钢丝很细，对人的支撑面极小，一般人很难让身体的重力作用线恰巧落在钢丝上，随时有从钢丝上掉下的危险。为了保持平衡，演员的双臂会不停地摆动，他手中的竹竿则起到延长手臂的作用。这样，重心不断地调整，演员就不会从细钢丝上掉下来了。

质量和重量有什么不同？

我们通常所说的重量就是地球吸引物体的力，也称为重力。月球的重力是地球重力的六分之一，如果一个人在地球上是60千克，在月球上就只有10千克了。这就是重量。质量是物体固有的量，不论在什么地点什么状态下测量，都是一样的，就是说一个人在地球上是60千克，在月球上还是60千克。

趣味问答

宇航员在太空中为什么是飘着的?

你在电视上看见过宇航员进入太空,在太空行走吧?说不定你还非常想自己也到太空去走一遭呢!可是,宇航员为什么总是飘着呢?嗯,是失重呗!那你知道失重是怎么回事吗?

人类第一次进入太空

1961年4月12日清晨，加加林少校身穿橘色宇航服，头戴密封的宇航帽，登上了"东方"号宇宙飞船，开始了人类的第一次太空之旅。飞船达到预定高度以后，与运载火箭脱离，进入环绕地球的轨道飞行。

飞船在太空飞行了108分钟后，弹射出巨大的降落伞，加加林带着宇宙的风尘，在绕地球一圈之后，又回到了地球。

加加林是人类历史上第一个从太空俯瞰地球的人。千百年来，人类证实了地球是圆形的。但这还只是理论，谁也没有亲眼看到过。加加林在离地球表面300多千米的太空清楚地看到，地平线是呈圆弧状的。

加加林成为第一个来到太空并且成功返回地面的航天英雄。

宇宙飞船里的生活多么不方便

当飞船达到预定高度以后，与运载火箭脱离，进入环绕地球的轨道飞行。由于飞船的速度产生的脱离地球的力量和地球的引力刚好平衡，飞船里的一切物体都失去了重量，这就是"失重"。

加加林只要稍一用力就可以使身体在座舱里飘浮起来。手举起以后，要用力才能放下。写字的时候，要时刻用手按住本子，以防备它突然飘走。加加林在失重状态中认真地工作着。

　　要知道，人在地球上生活是因为有重力才能保持平衡，可是一旦进入太空，就会处于失重环境，就会变得像是失去了自己。

　　太空中，人自身的重量会消失，行动起来就像天空的飞燕，脚往前一伸，就能从这头飞到那头，轻巧极了，想要站稳脚跟可不是一件容易的事。国外有些航天员为了能在太空站稳，会穿上一种带磁性的鞋，并在工作地点的舱壁上包上铁皮，利用磁铁的力量来控制自己的行动。

　　在失重的环境中，吃饭、喝水也会变得很麻烦。因为失重，装满水的杯子会倒过来，不过水不会就此洒掉，而是会随着杯子悬浮在空中。想要喝到水，就必须把水装在带有管子的塑料袋中，喝时把管子含在口中，轻轻压迫水袋，这样才会让水流入口中。吃的东西最好是压缩的，不能是散装的易掉屑的食物，因为这样会让它们漂浮起来。黏稠状的食物可以装在类似牙膏的软管子内，这样食用起来才更方便。

不过，在失重的环境里睡觉倒是一件再简单不过的事情。在这里，你用不着铺床铺被，想睡觉时只要钻进挂在舱壁的睡袋里就可以安睡了。

失重对身体有伤害吗?

失重状态也是会使人体的生理功能发生变化的。有人说，失重可能会破坏人体的内环境平衡，使人的生理功能发生不可恢复的变化，身体不好的人离开了重力，还会因心力衰竭而死亡。

不过，已经有一批又一批的宇航员成功地遨游太空，他们用事实证明：人在失重时，生理功能是会发生变化，但并不是那么严重。人体生理功能的改变，主要是大量血液会涌向上身，骨盐代谢会发生紊乱，骨质出现脱钙现象等。这些变化，短时间内不会对人体健康构成损害，回到地球后就慢慢地恢复了。

人造卫星为什么会发射失败呢?

卫星是指在太空中所有围绕行星轨道运行的天体,环绕哪一颗行星运转,就把它叫作哪一颗行星的卫星。我们知道,地球是太阳的卫星,月球是地球的卫星。"人造卫星"就是我们人类"人工制造的卫星",它是一种无人航天器,主要用于通讯或者科学研究方面。比如人造地球卫星就是围绕地球运行的。科学家用火箭把人造地球卫星发射到预定的轨道,使它环绕着地球运转。但是,人造地球卫星也有发射不成功的时候,因为它会受到地球引力、大气阻力、气压等因素的影响,当它的速度低于每秒7.9千米的时候,地球引力就会把它拽回来。所以,发射人造地球卫星的时候,要考虑天气等诸多因素,发射的速度也不要低于每秒7.9千米。

趣味问答

一个胖子和一个瘦子
同时跳下来哪个先落地?

在六层楼上,假如你把一根羽毛和一个铅球同时扔下去,哪个会先落地?当然是铅球。可是假如两个特技演员,一个是胖子,一个是瘦子,同时从二楼跳下去,哪一个先落地呢?你会以为是胖子先落地吗?那你可就错了。

地球对物体的引力时刻存在

地球上的所有物体都在承受着重力。重力是由于物体受到地球的吸引而产生的，就是地球对物体的吸引力。实际上，重力是万有引力的一个分力。

前面我们说过，牛顿从苹果落地的现象中发现重力。正是因为有了重力，我们才能站立，房子才能固定在地面上，河流才会向着固定的方向流去……试想一下，假如没有重力，衣服裤子都在我们的头上飘着，污水到处流，客车在半空中飞着，那该是多么可怕。

我们还知道，月亮是围着地球公转的，要是没有了地球的吸引力，月亮真不知道飞到哪儿去了，我们也不可能看到壮观的潮汐现象了。正是因为有了重力，宇宙和自然界中的一切物体都以一定的规律运行着。

亚里士多德和伽利略，谁说得对？

可是回到刚才的问题上，你站在六层楼的楼顶上，拿着两个一轻一重的铁球，同时向下抛出去，哪一个会先落地呢？你会不会认为重的那一个会先落地呢？你的说法对不对呢？

回答这个问题还真不容易呢！因为它争论了两千多年。

古希腊有位伟大的思想家，叫亚里士多德，他生活在公元前4世纪，距离我们现在有2 300多年了。他在日常生活中观察到，重物是往地下落的、烟气是往上升的，于是，他认为重物竖直下落和轻物竖直上升都是自然运动。

为什么是这样的运动，而不是相反的呢？

亚里士多德认为，重物的天然位置在地心，轻物的天然位置在天空，所有的物体都有向着天然位置运动的倾向。所以，重物下坠，烟气升腾。亚里士多德进一步指出，物体下落的快慢是不一样的，它的下落速度和它的重量成正比，物体越重，下落的速度越快。比如说，10千克

重的铁球，下落的速度要比1千克重的铁球快10倍。

亚里士多德这个论断是不对的，可是当时的人们都把他看作是绝对的权威，没有人敢怀疑他的话是错误的。

时间转眼到了1590年，意大利的一个年轻学者向他提出了挑战，他就是伽利略。因为对亚里士多德的学说产生了怀疑，他决定亲自动手做一次实验。

这一天，伽利略来到比萨斜塔，还带着两个大小一样但重量不等的铁球，一个重10磅，一个重1磅。他站在比萨斜塔上面，两手各拿一个铁球，只见他把两手同时张开，于是两个铁球平行下落，几乎同时落到了地面上。

通过这个实验，伽利略揭开了落体运动的秘密，物体下落的快慢与重量无关，所有物体下落的快慢都是一样的。

此后，伽利略还做了很多实验，发现了物体下落运动的规律，这就是自由落体运动：物体从静止状态开始做下落运动，物体运动的距离同下落的时间的平方成正比。

按照伽利略的理论推断，一个胖子和一个瘦子同时从二层楼上跳下来，当然也是同时落在地上了。当然，这时候的空气阻力是可以忽略不计的。

真空状态下，一根羽毛和一个铅球也会同时落下

伽利略的理论是正确的。抽气机发明以后，人们用一根长长的玻璃

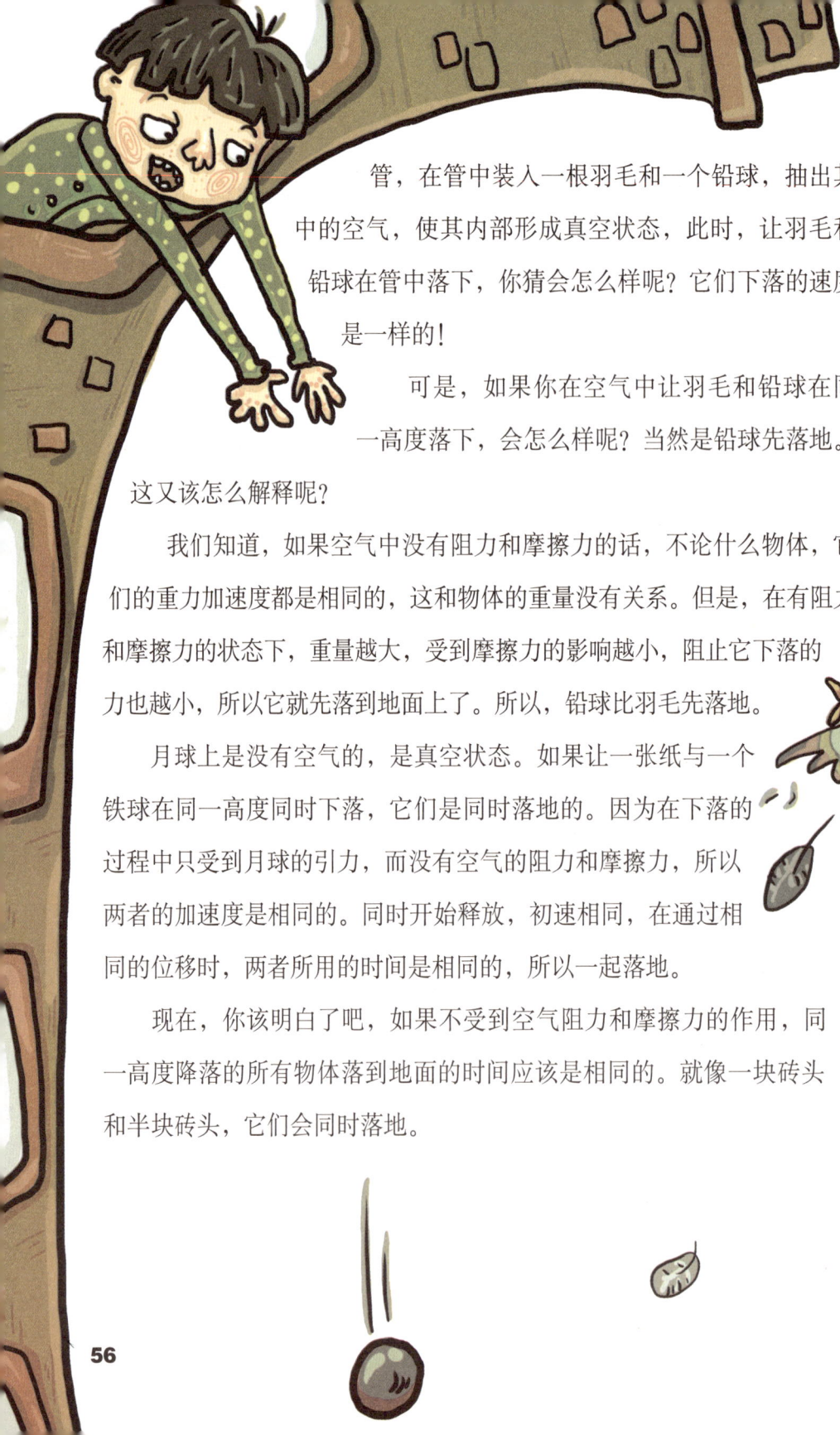

管，在管中装入一根羽毛和一个铅球，抽出其中的空气，使其内部形成真空状态，此时，让羽毛和铅球在管中落下，你猜会怎么样呢？它们下落的速度是一样的！

可是，如果你在空气中让羽毛和铅球在同一高度落下，会怎么样呢？当然是铅球先落地。这又该怎么解释呢？

我们知道，如果空气中没有阻力和摩擦力的话，不论什么物体，它们的重力加速度都是相同的，这和物体的重量没有关系。但是，在有阻力和摩擦力的状态下，重量越大，受到摩擦力的影响越小，阻止它下落的力也越小，所以它就先落到地面上了。所以，铅球比羽毛先落地。

月球上是没有空气的，是真空状态。如果让一张纸与一个铁球在同一高度同时下落，它们是同时落地的。因为在下落的过程中只受到月球的引力，而没有空气的阻力和摩擦力，所以两者的加速度是相同的。同时开始释放，初速相同，在通过相同的位移时，两者所用的时间是相同的，所以一起落地。

现在，你该明白了吧，如果不受到空气阻力和摩擦力的作用，同一高度降落的所有物体落到地面的时间应该是相同的。就像一块砖头和半块砖头，它们会同时落地。

赵州桥为什么建成拱形的？

　　中国的赵州桥距今已经1400多年了，它一共经历了十次水灾，八次战乱，无数次地震，还有无数的车辆从它身上驶过，可是直到今天它仍然屹立不动。赵州桥为什么这么坚固呢？原来它的设计者李春把它设计成了圆弧形石拱桥，拱形桥受到压力时，能把向下压的力向下和向外传递给相邻的部分。拱形的各部位受到压力时都会产生一种向外的推力，这样桥身所受的压力就减少了。当然，这需要桥基非常坚固，而赵州桥的设计者很好地解决了这个问题。所以，赵州桥成为世界上现存最早、保存最好的石拱桥，成为建筑史上的一个奇迹。

孔明灯
为什么能飘在空中？

　　木头能漂在水面上，而铅块、石块却总是沉入水底，人类的祖先早就发现了这个现象，因为木头能浮在水面上，人们就利用这个特性发明了木舟、船只。可是，木头为什么能浮在水面上，而石头却会沉下去呢？你熟悉的孔明灯怎么能在天上飘着呢？

阿基米德是怎样发现金冠掺假的?

　　这个秘密是古希腊大科学家阿基米德揭开的。阿基米德生活的时代距离我们今天已经有两千多年了。他从小就热爱科学，长大后成为一个学识渊博的人，国王就聘请他当顾问，帮助解决军事、生产和生活中的各种问题。

　　国王为了炫耀自己的尊贵，就让金匠为自己

做了一顶新的纯金王冠，这顶王冠外形非常漂亮，国王非常高兴，可他怀疑金匠在金冠中掺了假，克扣了自己的金子。可是，做好的王冠无论从重量上还是外形上都看不出问题。于是，国王请阿基米德做鉴定。

阿基米德向国王借了和王冠重量相同的金块和银块，然后在自己的实验室里进行研究，他冥思苦想了好久，利用了当时能利用的一切理论知识和实验，可就是找不到原因。

一天，阿基米德去澡堂洗澡，当他坐进澡盆时，发现水从盆边慢慢溢了出来，望着溢出来的水，同时他又感觉自己的身体在慢慢地向上浮，他突然大叫一声："我知道了！我知道了！"他一边往家跑，一边喊着，衣服都没来得及穿。

阿基米德把金冠放进一个装满水的缸中，一些水溢出来了。他取出了王冠，把水装满，再将一块同王冠一样重的金子放进

水里，又有一些水溢出来。他把两次的水加以比较，发现第一次溢出的水多于第二次。于是他断定金冠中掺了银子。经过一番试验，他算出了银子的重量。当他宣布他的发现时，金匠哑口无言。

这次试验的意义远远大过查出金匠欺骗国王这个事实。阿基米德从中发现了一条原理：浸在液体中的物体受到向上的浮力，浮力的大小等于它所排开的液体的重量。后人将这条原理以阿基米德的名字命名。一直到现代，人们还在利用这个原理测定轮船、潜水艇等的载重量。

冰为什么能浮在水上？

根据阿基米德原理，在重力场中，浸在水里和气体中的物体会受到重力和浮力的作用。物体受到液体或气体向上托的力

叫作浮力，浮力的方向竖直向上，其大小等于物体所排开的液体的重力。当物体的重力大于它所受的浮力时，物体将下沉；当重力小于浮力时，物体将浮在液体或气体的表面上。

北方的孩子可能都看到过，每年春天，随着温度的升高，冰冻的河面会浮着冰块，那为什么冰块会浮在水面上呢？

原来，冰和水的密度是不一样的。当冰块浮在水面上时，冰块受的重力与受到的水的浮力大小相等，方向相反，处于平衡状态。但是，我们知道，水在结成冰的时候，不是收缩，而是膨胀了，一升水的重量是1 000克，相同体积的冰的重量是900克，那么，相同体积下，水结成冰之后，就神奇地变轻了！所以，冰块所受的浮力比它的重力大了，水能托住冰，冰就浮在水面上了。

你看过孔明灯吧，每到中国的传统节日元宵节的晚上，你会看到很多很多的孔明灯飘在空中，从很早的时候起，人们就制造了孔明灯，用以寄托美好的期望。

孔明灯为什么能飘在空中呢？原来，它是由半透明的薄纸糊

成圆柱体的形状，上部用纸糊死，而下部开口通风，灯内放上蜡烛。当蜡烛点燃以后，慢慢地灯就飞起来了，一个一个悬在高空，很是明亮。孔明灯为什么会离地而起呢？

灯里的蜡烛点燃后，孔明灯里到处都是热空气，而原来的冷空气被顶了出来。由于热空气的比重小，这样空气的浮力就可以把它托起来，直至送到天上了。蜡烛不断地在燃烧，孔明灯内部的热空气不断在补充，所以孔明灯就能在空中停留好长时间，直至蜡烛燃尽为止。

潜水艇是怎么浮上来又沉下去的？

你在电视上看过潜水艇吧？看见潜水艇一会儿沉入水里，一会儿又钻出水面，你是不是觉得很厉害呢？潜水艇是海军作战的重要舰艇之一，它可以在水下机动灵活地运动，也可以自由地浮出水面。

潜水艇的下沉和上浮也可以用阿基米德的浮力定律来解释。

现在，你就去你家的鱼缸里观察一下那些鱼儿吧。看见了吧，鱼的肚子上有一个白色的鼓鼓的小囊，这就是鱼鳔。鱼就是巧妙地利用了鱼鳔的浮力原理使自己上浮和下沉的。当它想下沉到水的深处时，就让鱼鳔中充满了水，体重增加了，就沉下去了。要是它想上浮，就把鱼鳔里的水排出去，体重减轻了，它就浮上来了。怎么样，鱼儿是不是很聪明啊？

智慧的人类也许就是受到了自然的启发，发明了潜水艇。潜水艇和鱼儿的原理差不多。潜水艇有个沉浮箱，在这里调节空气和海水量，提供潜水艇所需要的浮力。想让潜水艇下沉，就打开沉浮箱底部巨大的闸门，往里注入大量的海水，沉浮箱中的空气通过上方的排气孔排到外面，潜艇重量增加超过了它的排水量，潜水艇就沉到水下了。

　　想让潜水艇浮出水面，就往里面注入压缩空气，将沉浮箱中的海水排到海里，潜水艇变轻了，就浮出水面了。

人能感受到空气浮力吗?

空气和水一样是有浮力的，但是因为空气的密度比水的密度小，所以，它的浮力也比水的浮力小。人生活在空气中，肯定受到空气浮力的作用，但是，人受到的地球的引力要远远大于空气的浮力。不过，空气浮力的作用还是非常大的，比如，气球能飘在空气中，人们把气球用于大气观测，测量高空中的风速、温度、湿度、气压等。科学家还可以利用气球研究高空中大气的性质，空气浮力的应用是非常广泛的。

跷跷板里藏着的秘密

你坐过跷跷板吧，你有没有发现，要是你一个人坐在右边，右边就会往下落；坐在左边，左边就会往下落。要是体重和你一样的小朋友一边坐一个，会怎么样呢？跷跷板平衡不动了。要是一边是你，一边是胖胖的爸爸，会怎么样呢？为什么会出现这些现象呢？

给我一个支点，真的能撬动整个地球吗？

"怎样才能用较小的力做更多的事呢？"自古以来，人们就在探讨这个问题。

阿基米德在他的《论平面图形的平衡》一书中最早提出了杠杆原理。阿基米德曾经说："如果给我一个支点，我就可以撬起地球。"有一次，阿基米德给国王写信说："一定大小的力可以移动任何重量，如果还有另一个地球的话，我就能到上面去，把我们的地球移动。"

狂言还是科学？阿基米德当然没有找到支点，所以他终究没能撬动地球，但他发现了杠杆原理。这个发现对我们人类文明的发展作用可大了。

物理学告诉我们，杠杆中包括施加力的"施力点"，支撑杠杆的"支撑点"和作用在物体上的"作用点"。根据这三个点位置的不同，可以用较小的力发挥较大的作用。比如，用一根铁杆可以撬动一块大石头，如果没有这个发现，人类要想搬起一块大石头，那该多费劲儿啊。阿基米德指出："二重物平衡时，它们离支点的距离与重量成反比。"

我们不妨再来做个实验，在一个支架上放一根木棒，如果你向下施加压力的话，木棒就会向上移动；向上施加压力的话，木棒就会向下移动。这也证明了阿基米德杠杆原理的正确性。

我们每天都在应用杠杆原理呢!

其实，在我们的生活中，每天都会用到一件以上利用了杠杆原理的工具，也许这么说你觉得有点玄，可是事实就是如此。

你吃面条时，拿着筷子一使劲，面条就夹起来了；使用指甲刀能把长长的指甲剪掉；还有像钳子啊，开瓶器啊，钓鱼竿啊，它们中都藏着杠杆原理。我们的生活中无处不存在杠杆原理，我们的周围有很多利用杠杆原理制作的工具。

你玩过跷跷板吧？广场上、游乐场里都有跷跷板。要是一头儿坐着只有30斤的小朋友，一头儿坐着有150斤重的爸爸，跷跷板会怎么样呢？跷跷板就会倾向较重的爸爸那一边。这时，如果爸爸往里坐一格，小朋友往外坐一格的话，跷跷板就又可以上下摆动了。

那小朋友能不能把爸爸那一头儿翘起来呢？试试看吧，要是爸爸坐的位置离支撑点较近，小朋友坐得更远，那么较重的爸爸那一头儿就翘起来了。利用

杠杆原理真能做到很多你想象不到的事情呢！

从上面的现象中，物理学家总结了一个观点：如果杠杆的支撑点离力的作用线距离越远，费的力就越小；相反，如果杠杆的支撑点离力的作用线距离越近，费的力就越大。怎么样，以后你也会利用杠杆原理了吧？

我们的身体中其实也有杠杆

你会说啦，我们的身体里哪有杠杆啊？不要想得太复杂，稍微活动一下筋骨，你会发现什么有趣的现象呢？

给你一个小小的提示吧，在我们的身体中骨头是杠杆，关节是支撑点，肌肉的运动就是在杠杆的作用下成为施力点和作用点的。

找到了吗？试试看，把衣服袖挽起来，再把胳膊张开，提起一个重重的书包。此时，拿书包的手指就是作用点，肩膀是支撑点，带有肌肉的胳膊则是施力点，施力点就在作用点和支撑点之间。

我们的腿也符合杠杆原理呢。想想踢球的时候，我们追着球跑，这时脚是作用点，大腿是施力点，臀部就是支撑点。不过，有时候，膝盖也可以成为支撑点。

我们的身体里还藏着很多杠杆呢！不信你试试，我们的头做仰头和俯首运动，肘关节的活动，还有走路的时候要提起足跟，这样能克服较大的体重。你也来找找吧，看看我们身体中还有哪些部位暗藏着杠杆原理，要仔细找哦。

起重机是怎么搬起重物的?

你看见过正在建筑工地施工的起重机吗？盖房子的时候，建筑工人会用起重机来搬运重物，这样可以帮助他们省时省力。

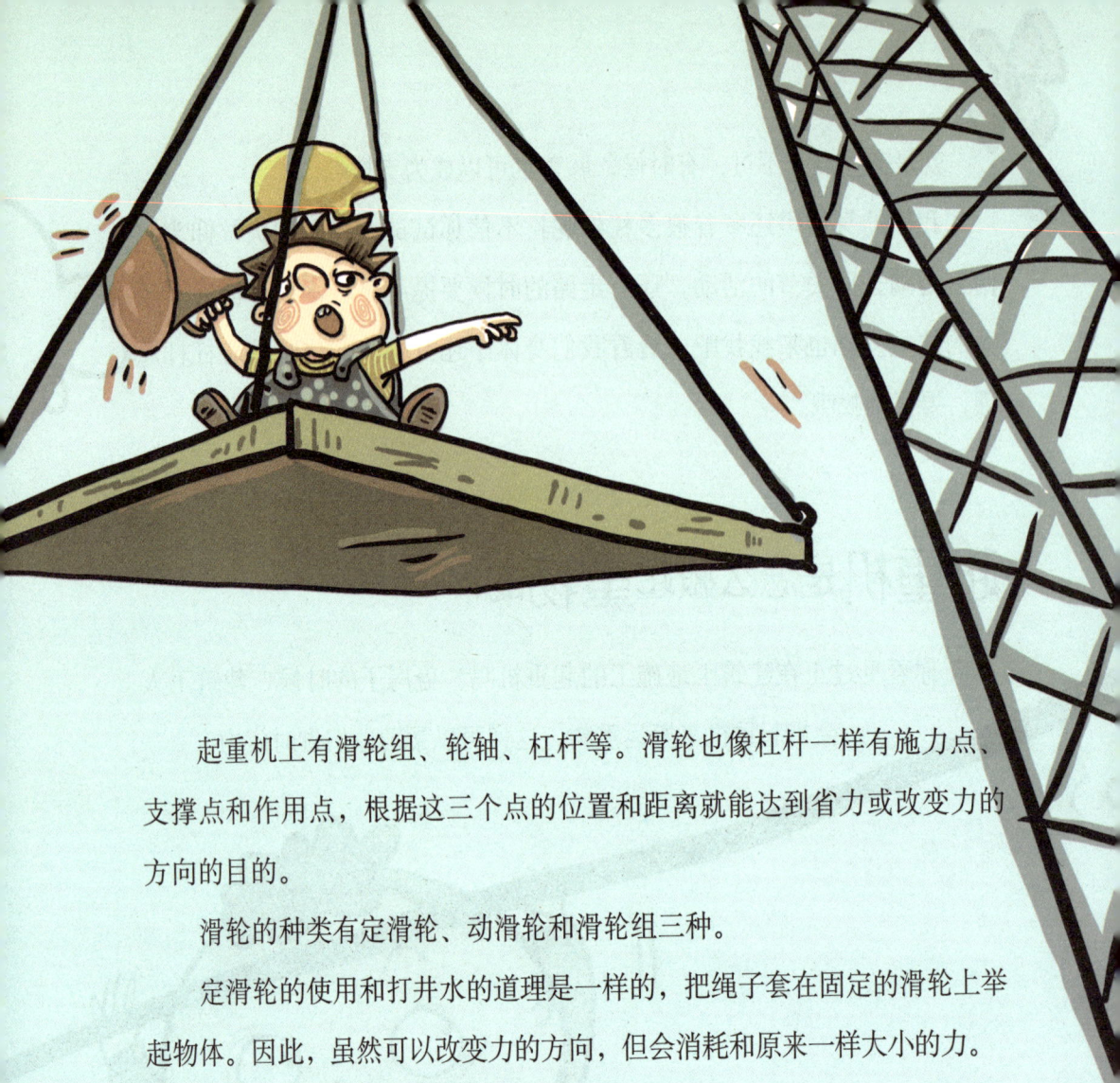

起重机上有滑轮组、轮轴、杠杆等。滑轮也像杠杆一样有施力点、支撑点和作用点，根据这三个点的位置和距离就能达到省力或改变力的方向的目的。

　　滑轮的种类有定滑轮、动滑轮和滑轮组三种。

　　定滑轮的使用和打井水的道理是一样的，把绳子套在固定的滑轮上举起物体。因此，虽然可以改变力的方向，但会消耗和原来一样大小的力。

　　动滑轮和定滑轮不一样，虽然力的方向和举起物体时一样，但可以节省一半的力。原因就是滑轮两端的绳子可以分摊物体的重量。

　　滑轮组是定滑轮和动滑轮结合使用的装置，兼有定滑轮和动滑轮的优点，既可以改变力的方向，也可以节省力气。

　　人类巧妙地利用了杠杆原理，才能够搬动超过人类臂力所能承受的重量的笨重物体，才能盖起那么雄伟的高楼大厦。

剪纸的剪刀和修理花木的剪刀为什么不一样？

拿一把剪纸的剪刀和一把修理花木的剪刀，比较一下，你会发现，修理花木的剪刀的刀柄比刀口长多了；而剪纸的剪刀刀柄却比刀口短。为什么会这样呢？

我们知道，剪刀的制作也是利用了杠杆原理。杠杆平衡的条件是动力矩和阻力矩相等。剪刀上有一个铆钉，那是支点，张开刀柄，剪刀就绕着这个支点转动了。刀柄上手指用力的地方就是动力的作用点，刀口剪开物体的地方就是阻力的作用点。修理花木的剪刀、理发用的剪刀和普通家用剪刀，它们的动力臂和阻力臂的长短都是不一样的。修剪花草的剪刀动力臂大于阻力臂，使用时动力小于阻力，可以省力。剪纸用的剪刀动力臂小于阻力臂，使用时动力大于阻力，就稍微费一点力了，这样可以更好地控制力量，剪出复杂好看的图形。不过，我们家里常用的剪刀一般刀口和刀柄是一样长的，这样可以适合多种用途。

乒乓球每次都会跳那么高吗？

你在游乐园玩儿过过山车吗？你也许会说，当然玩儿过，那可是我们小朋友的最爱！可是你知道吗，过山车是没有发动机的。那它是怎样工作的呢？它靠的是势能，势能是物体离开地面以后具有的能量。一只小小的乒乓球也是有势能的，但是，它在弹跳的过程中，能量是不断转换的，你来试试看，它每次跳的高度是不是一样的呢？

能量是可以转化的

能量是无处不在的，我们身边的很多物体都有能量。观察一下，当你家烧开水的时候，水开了，水壶的壶盖会被顶起来，你会说，那不是水蒸气吗？对了，水蒸气有了这种力量，所以它是有能量的，这是热能。

再比如，在天上飞行的小鸟具有动能，石油、煤炭具有化学能、太阳能……自然界存在各种形式的运动，能量也有各种形式，它们之间有着广泛和深刻的内在联系，并且各种形式的运动之间经常发生着转化。

机械运动能够向热运动转化，热运动也可以转

化为机械运动，机械运动和热运动之间有一个循环。电能和热能之间也存在相互转化。比如，用煤做原料，热能就转化成了电能，电流通过导线发热，电能又转化成热能了。

19世纪初，科学家发现植物从它周围的土壤中吸取水分和其他营养，从空气中获取二氧化碳。在太阳光的照射下，这些物质依靠植物叶子里一种叫叶绿素的化合物变成了淀粉、糖分和纤维素等。这种转化过程称为光合作用，它是太阳能转化为植物所具有的化学能的过程。当植物被用来做食物或者燃料时，化学能又转化为机械能或热能。

动物和人类等生物体的生存与活动，也来自于能量的转化，或者说来自于食物中的化学能。

　　大多数形式的能量间都是可以相互转化的，除上面说到的之外，还有电能与磁能、机械能与电能、电能与化学能等能量间的转化关系。自

然界的能量有多种形式，不同形式的能量是可以转化的，因而能量转化是自然界的一条基本规律。

能量是守恒的

所有的能量都可以改变它们的形态，我们在日常生活中经常能看到这种现象。你知道电饭锅为什么能把米饭煮熟吗？这也是一系列能量转化的结果。电饭锅首先将电能转化为热能，通过加热内锅，米吸收了热量，米在通过消化吸收以后，又转化为化学能。人吃了米饭后，吸收了其中的化学能，被储存的化学能又会转化成动能和热能，于是，人又会行走、运动、工作，同时也在转换身体中的能量。

能量不仅会转换，而且是守恒的。

1842年，德国医生罗伯特·迈尔发表了《论无机界的力》一文，他在这篇文章中首次提出"能量是不灭的、可转化的、无重量的"，并运用这一观点讨论了"势能、动能、热能之间的转化和守恒"。后来，英国物理学家焦耳通过一系列实验验证了电流生热的定量关系：导线的发热量与通过它

的电流的平方成正比。

　　科学界把能量转化和能量守恒原理合二为一，并表述为这样一条定律：

　　　　对应着各种不同的运动形式，有各种不同形式的能量。任何一种形式的能量在转化为其他形式能量的过程中，总能量是守恒的。能量既不能创生，也不能消灭，只能由一种形式转化为另一种形式，或由一个物体传给另一个物体。

弹跳的乒乓球

　　我们来做个实验吧：假如一个乒乓球从一楼的窗台扔下去，不考虑空气阻力，它在不同阶段所具有的能会发生怎样的变化呢？

　　从高处落下的乒乓球高度减小，重力势能减小，速度增大，动能变大，因此球的重力势能转化为动能。

　　乒乓球接触地面后，受地面阻力作用，运动速度很快减小，球的动能减小，球发生形变，所以动能转化为弹性势能。

乒乓球在形变恢复的过程中，弹性势能减小获得反弹速度，弹性势能变成动能。

最后球竖直上升，运动速度减小，高度增加，动能转化为重力势能。

在上面我们说到的乒乓球弹跳问题中，如果没有空气阻力，乒乓球第二次、第三次还会跳到原来的高度，机械能总量是不变的，在运动过程中只发生动能与势能的转化。

所以，乒乓球在从下落到反跳的过程中，能量经历了以下变化：重力势能→动能→弹性势能→动能→重力势能。

"能"是什么？

　　我们来做一个假设吧，一个物体做匀速直线运动，因为没有加速度，也就没有"力"的作用了。既然没有"力"，它为什么还在运动呢？又比如，碰撞时虽然有作用力和反作用力，但是它们碰撞后的速度却不能用"力"来计算，这时候，物理学家提出了"能"的概念。我们常说的"冲量"、"能量"都不是简单的"力"的概念。冲量是力和时间的结合，能量是力与空间的结合。能量转换与守恒定律是自然界的普遍规律，用"能量法则"可以计算很多复杂的问题。

没有静电？
那可太可怕了！

静电这个词，我们可一点也不陌生。干燥的冬天里，静电老是来给我们捣乱，让我们不得不随时随地防着被"电"了。夏天，静电还会引起放电，会有大闪电来吓唬人。

可是，静电的好处可多了，千万不要因为静电会惹麻烦就想消灭静电哦。

琥珀怎么带电呢？

你有没有注意到，冬天用梳子梳头，会听到"噼噼啪啪"的响声，如果是在黑暗中，还能从镜子里看到火花呢！要是你穿了两件化纤衣服，脱下外面的一件时也会发现有火花，还会震得手发麻呢！这些就是我们常说的静电。

人类是什么时候认识电的呢？那还是在古希腊，有一位科学家叫泰勒斯，他最早认识到电的现象。有一次，他用布将琥珀轻轻擦拭了一下，想擦出琥珀原有的光亮，可是，他刚擦了几下，就发现了一个神奇的现象，琥珀能吸起碎草片！这就是说，琥珀被擦拭了以后，产生了一种吸引力。

到了16世纪，英国的一位医生发现，金刚石、松香、玻璃等都能产生这种现象。于是，他给这种吸引力起了一个新名字，叫作"electricity"，这个名称就源于古希腊文琥珀这个词"electron"，翻译成中文，就叫"电"。

18世纪，美国有一位伟大的人物，他既是政治家、外交家、实业家，也是一位科学家，他通过大量的实验，发现不同的物体摩擦后所产生

的电也不相同，也就是所带的电荷不相同。为了区别起见，便把它们分别叫作正电（阳电）和负电（阴电）。

正电和负电都能静止地停留在物体上，所以称为静电。

摩擦会产生电

我们知道，宇宙间的一切物质都是由原子组成的，原子又可以分为电子和原子核。原子核带正电，电子带负电。在正常状况下，一个原子

　　的原子核数与电子数量相同，正负电子平衡，所以对外表现出不带电的现象。

　　好吃的南瓜也是由电子和原子核构成的，肯定也带着正电（+）和负电（−），可是我们可以随便把南瓜搬来搬去，并没有触电啊。这是因为南瓜含的正电和负电是相等的，所以它不带电。

　　我们日常生活中常见的桌子、椅子、铅笔、书本都是不带电物品，也叫作中性物品。这些物品显示出这样的特性，是因为它们自身含有的正电（+）和负电（−）电荷量正好相等。

但是由于外界作用，如摩擦或以各种能量，比如动能、势能、热能、化学能等的形式作用，原子的正负电不平衡了，就会产生电。

静电的特点是高电压、低电量、小电流和作用时间短。静电就是一个静止不动的带电电荷，通常是由于摩擦和分离造成的，摩擦引起热，促使材料内部的电子活跃起来，然后两种物质被分离，电子从一种物质转移到其他物质，就可能发生静电了。

我们不妨来做个试验。你把塑料直尺在衣服上来来回回地摩擦，然后再把直尺靠近头发，会怎么样呢？头发竖起来了。这就是摩擦产生了电。就是这种电，把头发给"拽"起来了。怎么样？静电的威力不小吧。

静电是好事还是坏事？

在我们的日常生活中，静电现象随处可见。刚脱下化纤的外衣，再去开电视，你就可能被狠狠地电一下，那感觉让我们很不舒服。

更让我们想不到的是，我们的身上和周围就带有很高的静电电压，几千伏甚至几万伏，平时可能体会不到。人走过化纤的地毯静电大约是35 000伏，翻阅塑料说明书大约7 000

伏，而我们日常使用的电器电压只需要220伏。听起来是不是挺吓人的？

静电还会给工业生产带来危害，化工、石油、纺织、造纸、印刷、电子等行业生产中，都会产生和积累危险的静电。静电电量虽然不大，但电压很高，容易产生火花放电，从而引起火灾、爆炸或电击。

你可能要问了，静电有这么多的危害，能不能变害为利，更好地加以利用呢？当然能，我们人类的智慧足以利用静电给人类造福。

你知道静电除尘吗？含有粉尘的气体经过高压静电场时被电分离，尘粒与负离子结合带上负电后，趋向阳极表面放电而沉积下来，就达到了很好的除尘效果。

在农业中，利用静电喷雾能大大提高效率和减少农药的使用，既经济又有利于环境保护。经过静电处理的种子抗病能力强，病害发生率降低，发芽率高，产量也就提高了。静电放电产生的臭氧是强化剂，有很强的杀菌作用。经过静电处理的水，既能杀菌又不易起水垢。

虽然在生活中，静电给我们带来了

一些不便，但我们还是可以克服的，比如，房间里养几盆花，放个加湿器，室内空气湿润一点，静电就没那么厉害了。

　　静电并不神秘，大自然给予我们的，我们都要善加利用，还是那句话，让我们与自然和谐共处吧！

运送汽油为什么用铁桶
而不用塑料桶？

    装运汽油用的都是又重又厚的铁桶，为什么不用又轻又便宜的塑料桶呢？因为汽油属于易燃易爆物品。在运送途中，汽油桶会不停地随着车身上下左右摇晃，这样汽油和桶的内壁就不断地摩擦。我们知道，摩擦会产生电，铁属于金属，是导电的，良好的导电性会使桶内因摩擦产生的电荷传入地下。而塑料是不导电的，桶内产生的电荷无法传递到地下，当塑料桶内的电荷越聚越多的时候，就会产生电火花，汽油的燃点又非常低，只要碰到一点电火花，油桶就会爆炸。

趣味问答

天上为什么会放电呢？

你看见过打雷闪电吧？特别是晚上，一道闪电，把整个夜空都照亮了，随后是一声惊雷，震得房子都要动了。有时，你甚至感觉到闪电都要进入你的房间了，吓得你赶紧蒙上被子。据说打雷闪电还能"劈死"人！这是怎么一回事呢？

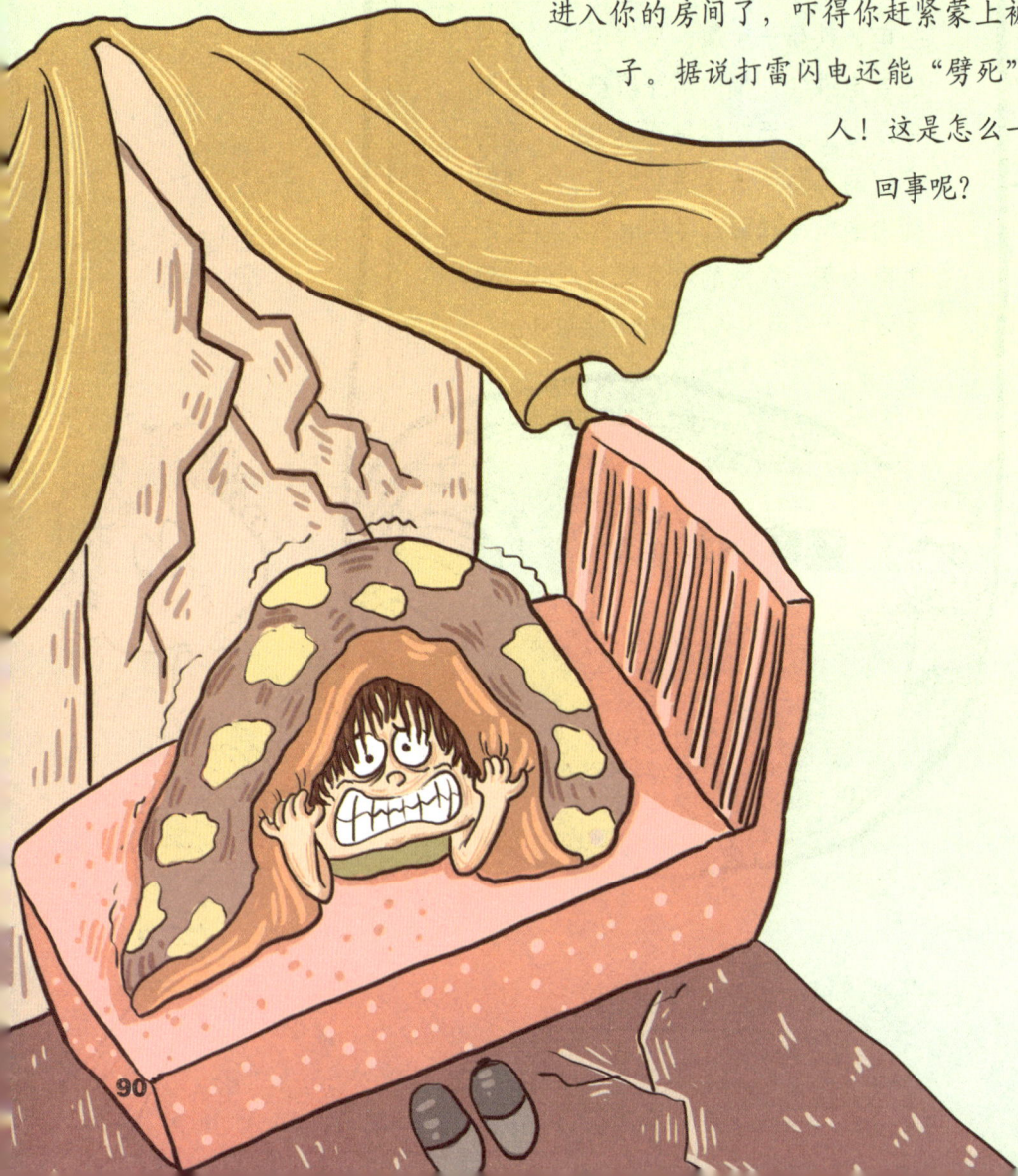

雷公电母发怒了吗？

怎么会打雷闪电呢？很久很久以前，我们的祖先就告诉我们，这是雷公电母发怒了，他们用打雷闪电惩罚那些作恶的人，让雷把恶人劈死。

雷公电母长得什么模样呢？

传说雷公长着龙身人头，他的肚子就像一面大鼓，打雷就是雷神在敲打自己的肚子，击鼓作声。

雷声总是跟闪电相伴，既然有了雷公，人们又创造出电母，让她与之配对，组成"雷公电母"家庭，传说中的电母长着一头短而茂密的红头发，两只脚只有三个脚趾头，手里拿着两面镜子，大概是闪电发光，

需要镜子来反射的缘故。

雷电真的是雷公电母发怒了吗？这只是我们祖先的一种猜测。

那雷电到底是怎么一回事呢？

这就是大气中的放电现象，也就是咱们常说的闪电。

我们都知道，云是由成千上万的冰晶和水滴组成的，这些水滴和冰晶遇到上升的气流时就开始旋转形成积雨云。积雨云还带着电荷，底层为阴电，顶层为阳电，而且还在地面产生阳电荷，如影随形地跟着云移动。正电荷和负电荷彼此相吸，但空气并不导电。于是，正电荷奔向树木、山丘、高大建筑物的顶端甚至人体之上，企图和带有负电的云层相遇；负电荷枝状的触角则向下伸展，越向下伸越接近地面。最后正、负电荷终于克服空气的阻碍而连接上。巨大的电流沿着一条传导通道从地面直向云层涌去，在极短的时间内闪光。这就是雷电了。

风筝能把电引到地上吗?

自古以来，看到一条条耀眼的银蛇在天空飞舞，听到轰隆隆的雷声从天空滚过，震撼着山川大地，随之而来的是狂风暴雨，人们对此难以理解，我们的祖先想象天上一定有某种神秘的力量支配着这一切。

在希腊神话中，万神之王宙斯主宰着雷电，他有无比的威力，当他生气发怒时，就把雷电放出来震慑诸神和人类。

一些地方还形成了雷电崇拜，认为雷电是雷公电母在惩治邪恶。

18 世纪 40 年代，人们已经知道如何将电储存在莱顿瓶里面，但是人们并不知道电是如何产生的，电击是如何发生的。美国科学家富兰克林力图用试验的

方式了解电，并且提出了电流的
理论。

　　1752 年 6 月的一天，乌云密布，电闪雷鸣，一场大
雨即将来临，富兰克林在大雷雨即将到来之前，把一
只大风筝放到天空中，风筝越飞越高，
肉眼几乎看不见。当大雨倾盆而
下，富兰克林握着风筝线的手突然

感到一阵麻木，紧接着，挂在风筝线下端的铜铃动了起来，伴随着阵阵声响冒出点点火花。"成功了！成功了！"富兰克林扔下风筝兴奋地大喊起来。这就是著名的"风筝试验"，富兰克林冒着生命危险终于揭开了雷电之谜。

避雷针是怎么发明的?

富兰克林早就在思考雷电的问题，1749年他就曾写报告给英国皇家学会，建议用尖端金属杆装在屋顶，再用铁丝把铁杆同地面连接起来，这样就可以把天上的电引到地下，防止房屋遭到雷击。但他的建议遭到皇家学会科学家们的讥讽和嘲笑。富兰克林坚信自己的想法是对的，就写信告诉一位法国朋友。那位法国朋友用一根铁杆直立在屋顶上，在雷雨时真的把天空中的闪电引到了地下，这就是富兰克林发明的避雷针，我们至今还在使用。

后来，富兰克林通过进一步研究，了解到电是会流动的，它还可以分为正电和负电。富兰克林是电学原理的创始人之一。

雷电天气要注意什么？

☆家里要关闭门窗，不使用任何电器，远离金属门窗，一定不要站在阳台上；

☆不要撑着铁杆的雨伞出门；

☆最好不要到大树底下去躲雨，也不要爬到山洞里去；

☆如果正在山顶或山峰，请尽快下山；

☆不要靠近有金属管线、高压线的地方；

☆要是在江河、海边，或者露天游泳池，一定要立即离开水；

☆如果正在路上开车，一定要关闭车门；

☆尽量不要使用手机，不要听随身听。

趣味问答

电里藏着多少秘密?

发现电、利用电是人类最了不起的事情，因为电，人类实现了一次又一次的大变革，特别是电脑的发明和使用。你能想象吗，要是没有电脑，我们的生活会怎样呢？你对电又有多少了解呢？它呀，你看不见摸不着，却时时刻刻在我们身边！

电线里流的是什么？

虽然所有的物质都是由原子组成的，但是，并不是所有的物质都能导电。有些物质容易导电，有些物质不容易导电。

我们知道，原子是由电子和原子核组成的，电子带负电，原子核带正电，带负电的电子按照一定的轨道在原子核的周围回转，因为电子质量是非常轻的，所以会不停地运动。但是，电子有点不听话，有时它会跑到原子外部，有时还会从别的原子那里跑过来，电子这么一流动，就产生带电现象了。

电线里流的电流，实际就是带有负电荷的电子。

人接触了裸露的电流，就会触电，可是我们经常看见小鸟一排一排

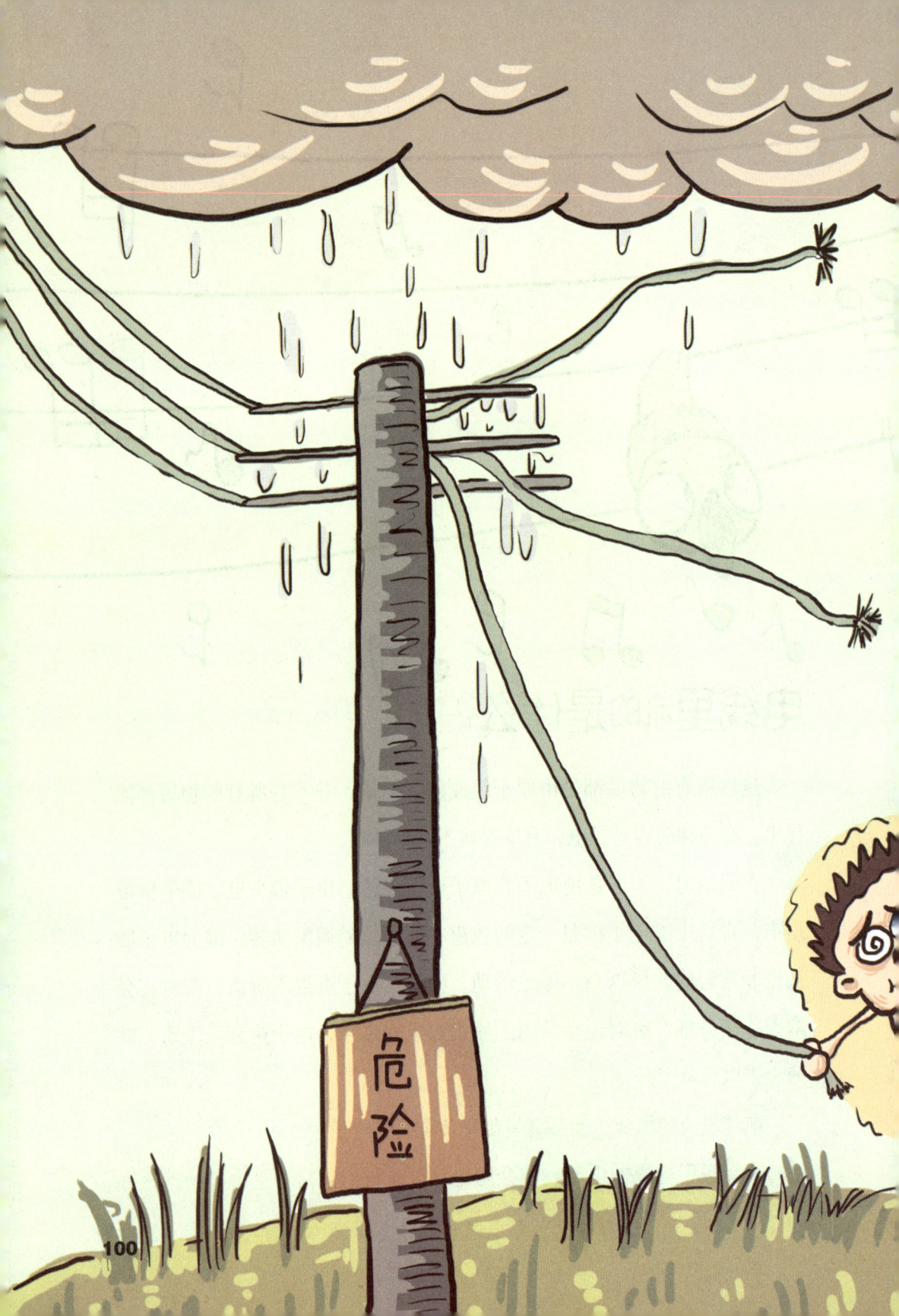

地站在上万伏甚至几十万伏的高压裸导线上，可是它们却不会触电。是不是因为它们有特异功能啊？当然不是。小鸟身体较小，它只接触了一根电线，它的身体和所站的那根电线是并联的，没有构成回路，小鸟身体上没有电流通过，所以就不会触电了。

到处跑的自由电子

你有没有过这样的经历：你不小心碰到了电源插座里面的金属，很快就会觉得手麻麻的，这就是触电了。

那你是不是注意到了，容易导电的多数是金属，铁、铝、铜、银都是容易导电的，而空气是不导电的。为什么电流不能通过所有的物质呢？

我们把像金属一样容易导电的物质称为导体，把像塑料、橡胶、玻璃等不容易导电的物质称为绝缘体。

为什么金属容易导电呢？

因为电子围着原子核转动，还被原子核紧紧地抓着。可是有的电子离原子核比较远，原子核抓不住它们了，它们就跑了，就在原子之间游动。我们把这些电子叫作自由电子。自由电子越聚越多，导电能力就强了，就变成了优良导体。金属就是因为自由电子多了，所以导电性能就好了。

在有些物质中，原子核把电子紧紧地抓着，电子哪儿也去不了，只能乖乖地待在原子和分子里面。所以，电流就很难通过它们了。这些物质就是绝缘体。简单地说，就是绝缘体里的自由电子太少了。

组成绝缘体的物质在阻碍电流流动。我们把阻碍电流流动的物质称为电阻，因为绝缘体的电阻太高了，所以电流就很难通过它们。

你有没有发现电线的外面裹着一层塑料皮呢？为什么电工叔叔工作的时候，总要戴上橡胶手套呢？其实，这都是为了防止触电。这些都是利用了绝缘体的性质。

电器的电压为什么不一样呢？

你是不是注意到了，当你按下电视开关的时候，电视却没有亮，你会说："哦，忘了开电源了！不通电，电视怎么会亮呢？"是啊，我们经常会说"通电"、"电流"，那么它们又是什么意思呢？现在就让我来告诉你吧。电流指的是电子朝一个

方向移动，而通电和有电流的意思是一样的。

　　电流自己是不会移动的，它需要得到电压的帮助以后才能移动，电压又是什么呢？你知道水为什么会从高处流向低处吗？这是因为水在重力的作用下从势能大的高处流向势能小的地方。电流也是从电势高的地方流向电势低的地方。电势的差异就叫作电压。电压越高，电流的量就越多。

　　电压的单位叫伏特。现在，你就看看家里的电器有多少电压吧。手电筒上用的电池，电压是1.5V，电视机一般都是220V，数字越大表示的电压就越高。

　　但是，为什么每种电器的电压都不一样呢？这是因为每种电器需要的电流的大小不同。

　　假如我们把220V的电饭锅接到110V的电压上会出现什么样的情况呢？可能米饭煮了一个早上都不会熟，或者干脆就做不了饭。那如果把它接到比220V更大的电压上，又会怎么样呢？这样的话，电饭锅就会

被烧坏。因为流过的电流太大了，它的元器件会因承受不了过强的电流而受损。所以，我们在使用电器之前，必须确认它所需要的额定电压。

浴室是个危险的地方

"触电"这个词你是不是经常会听到啊？妈妈会经常告诉你，手湿的时候千万不要去摸插座，接插头。特别是在浴室的时候，身上是湿的，手也是湿的，头发也是湿的，最容易导电了。这个时候，千万不要拿着吹风机去吹头发哦。

由于我们平常用的自来水不可能是完全纯净的，总是有各种杂质溶解在里面，比如，可电离的杂质。这样，皮肤沾上了水，就成了一个好的导体，电流就可以通过人的身体了。加上皮肤沾上水后，电阻减小了，会比干燥时小得多，电阻减小以后，电流的强度就会增强，很容易出现触电事故。

要是不小心电器进水了，就会漏电。电器和人体一样，沾到水以后电阻就会减小，流经它的电流就会变强。这样的话，电流就会跑到电器表层来。所以，我们触摸时才会感觉酸酸的、麻麻的，严重的时候还会把人给电晕呢。

要是电流流到电线以外的地方，那就是漏电了。电线外面是一层绝缘的塑胶皮，塑胶皮老化了就会脱落，就很容易漏电。特别是浴室里的电线老化了，那就更危险了。

家里的电视机、电饭锅、电冰箱使用的时间太长也可能会漏电。所以，我们应该经常检查电线、插座和电器的插头，看看有没有损坏的地方。

远距离输电为什么要采用高压输电方式？

也许你早就注意到了，电器通电后都能够发热。那么电和热之间有什么关系呢？英国物理学家焦耳和俄国物理学家楞次分别用不同的研究方法发现：对于通电导体，如果导体的电阻相同，其中产生的热量与导体的材料无关；通电导体产生的热量与导体的电阻、通过导体的电流的平方以及电流通过的时间成正比。这就是著名的"焦耳—楞次定律"。

因为电流会产生热，所以，任何电器设备和电路设计都必须把电流产生的热量控制在一定的范围之内。在远距离输电过程中，线路的热损耗是不可避免的，那么怎样才能尽量减少热损耗呢？根据焦耳—楞次定律，输电电压越高，线路的热损耗就越小，所以，在远距离输电过程中，人们就利用高压输电方式来减少热损耗。

趣味问答

光会变魔术呢！

我们生活的地球是多么丰富多彩啊，有高山、大海、蓝天、白云、飞翔的小鸟、绿色的植物、盛开的鲜花，还有各种各样美好的事物。可是，你想过没有，要是没有光，这些美好的事物还能存在吗？我们还能看到它们吗？不仅是这些，光还能变魔术呢，打开电视你就会发现了。

你知道什么是光吗?

你知道什么是光吗?也许你会认为这个问题太简单了,我们从出生那天起一刻也没离开过光呀,阳光、灯光、闪电发出的光,甚至静电也会发光呢,谁不认识光啊!可是,光到底是什么呢?

这个秘密也是英国大物理学家牛顿发现的。1666年的一天,牛顿在一家商店发现了一台三棱镜。这个三棱镜磨制得特别精致,牛顿当即就把它买了下来。他正是用这个三棱镜,揭开了大自然的一个奥秘。

牛顿回家后,立即开始了一组奇妙的实验。他把自己的房间布置成暗室,仅在窗户处开了一个小孔,让一束光线射入室内。然后把三棱镜放置在光线入口处,光线通过三棱镜照射在对面的墙壁上。只见那雪白的墙上呈现出一条垂直的彩色光带:赤、橙、黄、绿、青、蓝、紫七种颜色的光。

这条光带跟彩虹的颜色完全相

同。其中，红光的偏折程度最小，紫光的偏折程度最大。

那么，三棱镜能不能改变光的颜色呢？牛顿又做了一些实验，发现光色不能再分解了。

牛顿用这个实验揭示了光的秘密：阳光的白色是用各种不同颜色混合而成的，各种不同颜色的光在同一三棱镜中有不同的折射率，所以具有不同的偏折程度，这样也就形成了按一定顺序排列的彩色光带。

18世纪前期，人们一直以为光在本质上是一些微小的弹性粒子流，这些弹性粒子在均匀介质中做直线运动，当遇到反射面时，这些微粒就在界面上发生弹性碰撞而反射出去，这就是光的微粒学说。

后来人们又发现那些五光十色、五彩缤纷的光只不过是波长在400纳米至760纳米的一段，人们将它们称为可见光，而红外光和紫外光都是不可见光。

天空为什么是蓝色的?

宇宙中，什么跑得最快呢？迄今为止的发现中，能确定的是光。光在空气中的速度是每秒30万千米，光在水中的速度是每秒22.5万千米。光又是由什么组成的呢？光是由光粒组成的，当它做直线运动的时候，就产生了光线。

自然界中的光线有的是可以看到的，比如，我们看到的颜色是由可视光线组成的，我们看到的雨后彩虹就是这样的光。

颜色的存在总是和光的散射有关系。

光从天空中照射下来的时

会遇到很多阻碍，一部分光会被阻挡而发生

散射，波长短的蓝色光和紫色光比波长长的橙色光和红色

光散射得多。所以散射的光中，紫光比红光几乎多10倍，而

蓝光则比红光多6倍。绿色、黄色和橙色的光线，敌不过占优势

的蓝色光线和紫色光线，所以我们觉得这些散射的光是蓝色的。如果你

向天空看去，你看见的主要是阳光中被散射的蓝色的光，而不是未经散

射的阳光。

面积一样大的圆圈，为什么白色看起来比黑色的大呢?

横、竖两条线段，你来指出哪一条长?

黑、白两个圆圈，你来指出哪个大?

看上去像是竖线段长、横线段短，实际上是一样长。

为什么会产生这样的差异呢？原来，人的两个眼睛是横向布置，所以一般总觉得竖的长，横的短。再加上箭头又作了些夸张，所以这种错觉就更严重了。黑白两个圆圈，一般都感觉到白的大，黑的小，这是由于黑色有收缩的感觉，白色有外延的感觉，实际上这两个圆面积一样大。

这种感觉很多人都发现了，所以你会看到身体稍胖的妈妈喜欢穿竖条纹或者黑色的衣服，这样会显得苗条一点。身材苗条的姑娘喜欢穿白衬衫，这样能显得身材丰满一点，也更有精神。服装设计师也会利用这个特点设计衣服。其实，不管穿什么颜色的衣服，人的体形都没有变化，因为光的折射给人的感觉不同了。

交通信号灯为什么用红绿灯？

小朋友们都知道过马路时要"红灯停，绿灯行"，那么，为什么全世界的交通信号灯都用红绿灯呢？

这有两个原因：第一是大气分子对光的

散射；第二是人的眼睛对不同颜色的光敏感程度不同。

当光通过大气时，空气中的分子会对光起散射作用。而空气分子对不同频率的光散射程度不同，频率越高的光散射越强烈。由于紫光、蓝光频率高，所以当阳光通过稠密的大气时这两种颜色的光散射最为强烈，这样天空就变成蓝色的了。红光的频率在可见光中最低，因此散射较弱，易于通过大气传播到很远的地方，这样即使是下雾的天气，在很远的地方也能看到红灯发出的信号。所以一切警示信号，比如禁止通过的红灯、施工的危险信号灯以及沙漠中的石油工人、登山运动员、极地科考队员的外衣都用红色，就是为了便于发现。

为什么通过信号用绿灯呢?这是因为人的眼睛对不同颜色的光敏感程度不同。科学家研究发现，在所有的色光中，人们对绿光最为敏感，所以绿灯就被选为做交通信号指示灯了。

太阳光中为什么没有粉色？

通过前面的介绍我们知道了，在牛顿所做的实验中，他发现了太阳光中只有赤、橙、黄、绿、青、蓝、紫这七种颜色，为什么没有粉红色呢？

原来人们对颜色的感觉包含两方面内容：一是色相，即太阳光谱按波长不同而呈现的七种颜色；二是饱和度，即我们平时所说的深浅程度。

饱和度是纯色与白色的混合，于是可以形成不同深浅程度的颜色，如深绿、中绿、淡绿，有时还用许多好听的名词来形容，比如鹅黄、湖蓝、藕荷、橄榄绿、奶油色、咖啡色，等等。对于红色，也可以按深浅和纯度的差异呈现出许多种，如深红、朱红、西洋红、玫瑰红、桃红、粉红、浅粉，等等。正是由于色相和饱和度的同时存在，才使我们的世界变得五光十色，绚丽多姿。

肉眼看不见的光的世界

太阳是一个巨大的发光体，它用非常巨大的能量源源不断地发射着光线，其中有一些是我们可以看见的，可是有一些我们用肉眼看不见，比如说，紫外线、红外线。虽说这些光线我们看不到，但它们时刻都跟我们有关系，比如说吧，要是大晴天，你到外面玩儿而没有擦防晒霜，或者没有带遮阳伞，你的脸可就完了。

导弹上的红外探测仪为什么能盯住敌方的飞机?

在自然界中，有一些光是用肉眼可以看见的，有一些光是肉眼看不见的，但我们可以感受到，比如紫外光。如果你戴上红外线的眼镜，你会发现自然界的所有物体都能发射一种叫紫外线的光。

在电磁波谱中，位于可见光和微波之间的电磁辐射，俗称"红外光"。人的肉眼看不见它，但有显著的热效应，而且感应性很强，用一些电子元件就可以探测到。红外线容易被物体吸收而转化为其内能，在通过云雾等物质时不易产生散射，有较强的穿透力。

红外线的用处不小呢！自动门上有一个红外线传感器，当人走到自动门前时，红外线传感器就能感应到人身上所反射的红外线，于是，门就自动打开了。

你知道红外线探测系统吧？它的用处可大了！因为任何一个辐射红外线的物体都是与周围其他物体不同的热源，也就是说一个物体与周围的环境有温度的差别，热红外探测系统就是通过探测温度差而发现目标的。

在电影中，你看到过这样的战斗场面吧？两架飞机在空中相互追逐，突然后面的飞机射出一枚导弹，而另一架飞机见此情况立即不断地改变飞行方向，一会儿转弯，一会儿上下翻滚，但几秒钟后，还是被导弹击中了。为什么飞机甩不掉导弹呢？这是因为飞行着的飞机发动机的排水管就是一个红外辐射源，导弹上装着红外探测仪，它会毫不费力地发现它。虽然飞机极力想摆脱导弹，但导弹上的红外探测仪又使得导弹始终咬住热源，这样，速度低于导弹的飞机哪能不被击中呢？

红外线也被用在医学上，它能使组织温度升高，毛细血管扩张，血流加快，物质代谢增强，组织细胞活力及再生能力提高。在焙制食品、烘干油漆以及进行医疗、通信和遥感探测等领域也都能用到红外线。红外线还可以用来研究物质的分子结构、化学成分等。

紫外线会伤害我们的皮肤

你是不是经常收看天气预报呢？要是你常收看的话，你一定注意到了，天气预报员会发布紫外线照射强度，并且提醒人们注意保护皮肤。

紫外线是在电磁波谱中位于紫光和X射线之间的电磁辐射，波长范围很小，肉眼是看不到的。

紫外线的光源是太阳。太阳光透过大气层时，一部分波长短的紫外线会被大气层中的臭氧吸收掉，还有一

部分紫外线传到地球上，所以天气特别晴朗的时候，天气预报就会提醒我们要注意紫外线照射，因为它会伤害我们的皮肤呢。紫外线的指数越高，对皮肤的伤害就越大。皮肤受到紫外线照射就会变黑，并且再也褪不下去了。不仅如此，紫外线还可能会引起皮肤癌和白内障呢。

紫外线通常用于生物和医学上的杀菌消毒，治疗皮肤病和软骨病等。

荧光灯和白炽灯哪个省电呢？

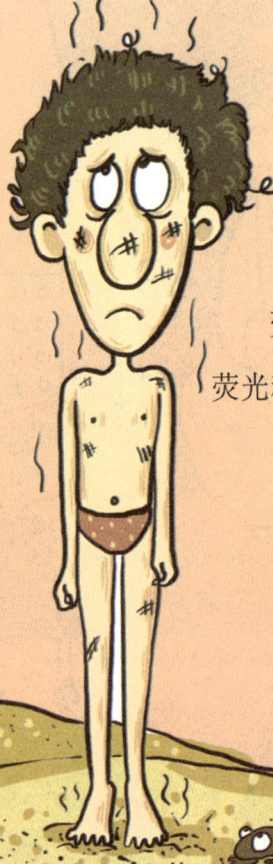

荧光灯发射出的是紫外线，是我们的肉眼看不见的。荧光灯利用低气压的汞蒸气在放电过程中辐射的紫外线，使荧光粉发出可见光。荧光灯的内壁涂有一层荧光粉，荧光粉吸收紫外线的辐射能后发出可见光，这就是"荧光"了。荧光粉颜色不同，发出的光线也不同，所以我们能看见白色的荧光灯，还有各种彩色的荧光灯。

白炽灯是将灯丝通电加热到白炽状态，利用热辐射发出可见光的电光源，它发出的光是红外光。

1879 年，美国科学家爱迪生发明了炭丝做成的白炽灯，从那以后，

人们对灯丝材料、灯丝结构、充填气体不断改进，白炽灯也越来越亮了。现在人们最常用的是钨丝。当电流通过钨丝时，电能就转化为热能，钨丝被加热就发光了。因为钨丝发光的同时也散发热量，所以要是一只白炽灯亮了一段时间，你用手去摸它，它是热的，甚至还会把人烫伤。

那用荧光灯好还是用白炽灯好呢？告诉你吧，同样是10W的荧光灯和白炽灯，荧光灯要更亮一些，一个10W的荧光灯的亮度和一个40W的白炽灯的亮度差不多，所以说荧光灯是比较省电的。因为荧光灯消耗的电能比白炽灯少很多，为了节约能源，还是使用荧光灯比较好。

神奇的x射线

X射线是一种波长很短的电磁辐射，是德国物理学家伦琴（1845～1923）发现的。

1895年，当伦琴研究一种新发现的阴极射线的时候，出现了一件怪事。自从他的实验室里搬进了阴极射线管，放在抽屉里、用黑纸包得很好的照相胶片

就总是自动感光。这是怎么一回事呢?

经过研究,伦琴发现,原来阴极射线管能发出一种人们还不知道的射线。这种射线穿透力很强,木板和纸都挡不住它,就是它使胶片感光的。

12月22日,伦琴的妻子来到实验室看他的新发现。伦琴拿一张用黑纸包好的照相胶片,放在阴极射线管旁边,然后让妻子把手放在胶片上,给阴极射线管通了电。一会儿,胶片冲好了,伦琴的妻子一看,大吃一惊,这是一张手的照相底片,手上的骨骼也显示得清清楚楚。

伦琴想到代数中的未知数常用x来表示,就把这种新发现的性质还未探明的射线起名叫作"X射线"。

X射线的发现引起了轰动。消息传到美国的第四天,一位医生就用它来给伤员检查,看身体里还有没有留下子弹。

当然了,X射线的用途还不止这些呢。

安检机是怎么工作的？

在机场、地铁、大型体育赛场和大型活动的入口，我们都会发现安检机，我们随身携带的物品都要经过安检机的检查。行李物品要经过一个通道，这就是X射线检查通道。行李进入X射线检查通道，将阻挡包裹检测传感器，检测信号被送往系统控制部分，产生X射线触发信号，如果有武器、刀具、炸弹等危险物品进入，通过X射线就会发出信号，这样就减少了公共场合的危险。比如，在足球比赛中，球迷要是情绪失控了，就会酿成大祸，要是他们在入口时经过安检，把危险品拒之门外，危险系数就降低一些。X射线可以说是火眼金睛，在边防海关，走私者把黄金块、毒品吞进肠子里，有时能够逃过人工检查，但是一旦进入X射线检查系统就露馅了。

光还会拐弯呢!

从有人类以来，人们就一直和光相依相伴。人类生存不能离开光，我们能看到这个五光十色、绚丽多彩的世界，正是物体放射、反射、散射进入眼中的结果。可是，你知道吗？光不是从太阳那里一条直线来到我们这里的，它有时还会拐弯呢！

星星为什么眨眼睛?

光是直线传播的，当光从一种介质进入另一种介质时，传播方向会改变，这种现象就叫光的折射。举个例子，光线射到一面镜子上，镜子就会把一部分光折射回来。

光为什么会改变方向呢? 因为光在不同介质里的速率不同。如果光所进入的是同性介质，则折射后的行进方向只有一个。

125

如果光进入某些晶体，则折射光常分两个方向行进。其中一个方向的光叫寻常光，另一个方向的光叫非常光。这种现象叫双折射。

光并不是永远能从第一种介质进入第二种介质而发生折射。当光从光密介质投射到光疏介质的界面，如果入射角大于临界角，那就不能进入光疏介质，而发生全反射。

举个例子吧，把一只玻璃杯里装一些水，然后把一支铅笔放进去，你会发现，原来笔直的铅笔弯了。这是因为光在从水底传播到空气中时发生了折射。

同样的道理，在晴朗的夜空，我们会看到星星一闪一闪的，这是因为大气层密度不一样，折射率也不一样，折射率高低不一，忽高忽低，我们在看星星时就觉得它们像人的眼睛一样一眨一眨的。

为什么近视眼戴凹透镜，远视眼戴凸透镜？

你知道什么是透镜吗？也许你觉得有点陌生，可是我告诉你，近视镜、老花镜、显微镜、望远镜、照相机等等，都是透镜。这回你就明白了吧。

透镜的主要用途就是成像。透镜的表面一般是球面的，材料有玻璃或者其他透明物质。

透镜一般有两种。中央比边缘厚的叫凸透镜，也叫会聚透镜；中央比边缘薄的，叫凹透镜，也叫发散透镜。

在很久很久以前的古希腊古罗马时代，人们就发现，某种形状的玻璃制品可以把阳光聚焦到一点上，还能把透过玻璃制品看到的物体放大。不信，你也做个实验吧。在一个装满水的空心玻璃球旁边放一个小小的乒乓球，你透过这个玻璃球会发现什么现象呢？对了！乒乓球好像大了。可是，你把玻璃球移开，乒乓球还是原来那么大。这就是凸透镜聚光的结果。

凸透镜为什么能聚光呢？因为光通过凸透镜以后方向改变了，都向凸起来的地方聚集，光线就都聚焦到一点上了，所以，远视镜、老花镜都是凸透镜做成的。

凹透镜也叫发散透镜，因为它的边缘比中心厚，光通过凹透镜以后，就会发散出去，照射的范围更广。所以凹透镜会让物体的映像变小，距离越远就越小。

我们人类的眼睛里也有一个凸透镜呢。人眼的结构相当于一个凸透镜，光线进入眼睛后通过晶状体时会发生折射现象，外界物体在视网膜上形成映像，映像又通过视觉神经传送到大脑，这样我们就能看东西了。

可是，人眼有近视的，也有远视的。物体在

眼睛中形成的映像如果在视网膜的前面，就是近视；如果在视网膜的后面，就是远视。近视眼和远视眼都不能在视网膜上形成清晰的图像。近视的人可以戴凹透镜，使进入眼球的光线发散出去，在视网膜上形成清晰的物像。远视眼可以戴凸透镜，使进入眼球的光线能集合在视网膜上并形成清晰的物像。

近视和远视都是不正常的，戴眼镜虽然可以矫正视力，但是戴眼镜会带来很多不便，所以，一定要好好保护视力呀。

海市蜃楼是怎么回事呢？

你见过海市蜃楼的奇观吗？在平静无风的海面、湖面或沙漠上，眼前突然耸立起亭台楼阁、城墙古堡，亦真亦幻，虚无缥缈，宛如仙境，这就是海市蜃楼。

每年6月，在美国的阿拉斯加上空都会出现海市蜃楼；在中国蓬莱，每年的5月和6月也会出现海市蜃楼。

在西方神话中，海市蜃楼被描绘成魔鬼的化身，是死亡和不幸的凶兆。中国古代则把海市蜃楼看成是仙境，秦始皇、汉武帝就曾派人前往蓬莱寻访仙境，还派人去蓬莱寻找灵丹妙药呢。可是，没有谁真正到了蓬莱仙境，也没有人拿到过仙药。

现代科学认为，海市蜃楼是地球上的物体反射的光，经大气折射而形成的虚像，所谓海市蜃楼就是光学幻景。

在春夏季节，白天海水温度比较低，下层空气受水温影响，比上层空气冷且密度大，而上层空气密度小。当阳光穿过这种空气层时，就要发生折射和反射，下层密度大的空气就像一面镜子一样，把地面景物反射在半空中，就会出现奇妙虚幻的景致。海面上就会经常出现海市蜃楼了。

我们还在电影里边看过奇妙的海市蜃楼现象，不过，那是在沙漠中。沙漠中的海市蜃楼也是会出现的，不过沙漠中的幻景不在半空而在地面上。这是因为白天沙漠贴近地面的空气温度高于上层，所以上层空气密度大而下层密度小，密度大的反射镜在上层，就把蓝天、树木、房屋反射在沙滩上而形成倒影。所以蓝天像湖水，一些沙漠中的旅人看见海市蜃楼的景象会以为是真实的，就会向那里奔去，可是最终不可能到达那里。

海市蜃楼这样的奇妙景观，并不是很容易看得到的，需要天气等条件具备才能出现。如果你去海边旅行或去沙漠游玩时能看到这样的景观，那可真是件幸运的事。

光的波粒二重性是怎么回事？

　　光是什么呢？牛顿认为光是沿着直线飞行的微粒流，他用这种微粒说成功地解释了光的传播、反射、折射及散射现象。后来，又有科学家提出光具有波动性。微粒说和波动说的两派长期论战，直到20世纪上半叶，科学家才为"光的本性是什么"找到了答案：光既是一种波动，又是一种微粒，光和实物粒子一样具有波粒二重性。在一些场合，尤其是涉及光的吸收和发射问题时，单个光子无疑会明显地具有微粒性。但我们平常看到的是大量光子的集体行为，光子出现的概率基本上是按照波动说的判断来分布的，因而我们看到的光呈现着明显的波动性。

声音会变吗？

你在这个房间里叫妈妈，妈妈在另一个房间就能听到，这就是声音在空气中的传播。要是你潜在水里不太深的话，也可以听到岸上的人的声音。这是声音传播的结果。可是声音是怎么传播的呢？人们常说的超声波、次声波又是怎么回事呢？

什么是声波?

你知道声音是怎么产生的吗? 声音是由振动产生的。举个例子吧，你"咚咚"地敲两下门，门的震动就会引起空气震动，空气的震动会传到耳朵里，让鼓膜震动起来，这样屋里的人就能听到声音了，当然你自己也能听到自己的敲门声。

声音频率就是发声源的振动频率。频率的单位是赫兹。

声以波的形式传播，我们把它叫作声波。声波在空气中可以向四面八方传播，所以在山里面喊一声，在很远的地方都能听得到。

声音只能在空气中传播吗？当然不是，水、金属、木头、土地等也都能够传递声波，就像大灰狼到小红帽的外婆家里，隔着门叫外婆开门，外婆是能听到的。

古代人打仗，趴在地上，把耳朵贴近地面可以听到远处的马蹄声，这声音在地面的传播速度比在空气中传播还快呢。

你在一根空心的大木头的一端，呼叫另一端的小朋友，他也会听得很清晰，尽管这根大木头有好几米长呢。

空气、水、金属、木头都是声波的良好介质。

在真空状态中，声波就不能传播了。因为真空中不存在声音传播的介质。举个例子吧，为了明天上学不迟到，你常常会给小闹钟定时，第二天早晨，闹钟一响，你就赶紧起床，准备上学了。你能听到闹钟响，是因为空气传播了闹钟的声波。可是，要是你把闹钟放到真空中去，那里没有空气了，声波没法传播了，也就听不到闹钟发出的声音了。

声波是一种机械波，起源于发声体的振动频率，在20赫兹与20 000赫兹之间的声波能引起人耳的感觉，称为可听声波；频率低于20赫兹的声波称为次声波，频率高于20 000赫兹的声波称为超声波。

声音的高低会随着频率而变化。震动频率越高，声音音调就越高，震动频率越低，声音音调就越低。当然，如果频率很高的话就变成超声波，很低的话就变成次声波。超声波和次声波是人的耳朵听不见的。

次声波竟然能毁灭一艘船！

次声波的频率很低，人的耳朵是没有感觉的。常见的次声波的频率大致是在0.0001赫兹至20赫兹之间，在空气中的波长长达数十米甚至数千千米。

因为空气对声波的吸收与声波的频率有关，频率越低，吸收越少，所以次声波可在大气中传播数万甚至数十万千米而无明显的衰减。

次声波有时是很可

怕的，甚至会带来毁灭性的打击。1890年，一艘帆船在从新西兰驶往英国的途中，突然神秘地失踪了。20年后，人们在火地岛海岸边发现了它。奇怪的是，船上的一切都是当年的样子。船长航海日记的字迹仍然依稀可辨，就连那些已死多年的船员，也都各就其位，保持着当年航行时的姿势。

是什么导致了悲剧的发生？

经过反复调查，终于弄清了"凶手"的真面目，原来是一种次声波，当时的人们对它还很不了解。

次声波每秒震动的次数很少，波长却很长，传播距离很短。如果次声波强度特别大，人就会有酒醉、昏晕的感觉，这是由于人体的内脏和躯体的固有频率只有几赫兹，在次声波的作用下，人体器官发生共振，于是就产生了不适感觉。

一般认为对1至100赫

兹范围的次声波,

人所能忍受的最大强度为150分贝,超出这个限度则可能破坏人体器官,破坏大脑神经系统,造成大脑组织的重大损伤,次声波对心脏影响最为严重,最终可导致死亡。

不过,次声波也可以加以利用。比如,用来预测自然灾害等。

台风和海浪摩擦产生的次声波,由于它的传播速度远快于台风的移动速度,因此,人们利用一种叫"水母耳"的仪器,监测风暴发出的次声波,就可以在风暴到来之前发出警报。利用类似的方法,还可以预报火山爆发、雷暴等自然灾害。

蝙蝠的耳朵是一个超声波接收器

超声波是频率超过20 000赫兹的声波,不能引起人耳听觉。与次声波

相反，它的频率很高，波长很短。它的方向性好，穿透能力强，易于获得较集中的声能，在水中传播距离远。超声波容易反射，可通过接受反射波而探知目标的远近。随着近代超声技术的发展，可产生几百到几千瓦的功率。

我们人类是听不到超声波的，但不少动物却有这个本领。它们可以利用超声波"导航"、追捕食物，或避开危险物。

你知道蝙蝠吧？这可是一个很神秘的家伙，总是能让人产生不少联想。可是，蝙蝠的所有神秘行动，似乎都是在夜晚进行的。特别是在夏天的夜晚，有许多蝙蝠在庭院里来回飞，它们为什么在没有光亮的情况下飞而不会迷失方向呢？难道蝙蝠的视力特别好吗？

科学家曾做过这样一个实验，在房间里布上捕鸟的网，网上有的孔比蝙蝠展开的翅膀还要小，蝙蝠必须收起翅膀才能飞过去。科学家把蝙蝠的双眼蒙住，让它在屋子里飞。尽管眼睛被蒙住，但蝙蝠却仍然能飞行自如，不会撞到网上。

科学家把蝙蝠的耳朵堵上，再让它睁着眼睛在黑暗的实验室里飞行。这回可不一样了，蝙蝠仿佛成了"睁眼瞎"，有时撞在网上，有时落到地上。可见，蝙蝠不是用眼睛来看东西的，那么，它是用耳朵来"听"东西吗？可是，实验室里静悄悄的，网也没有发出任何声音，那么，蝙蝠的耳朵是如何辨别声音的呢？

科学家将蝙蝠的眼睛和耳朵全敞开，用棉花团把它的嘴堵住，使它不能发声。这样，蝙蝠就成了"哑巴"，又躲不开屋子里的障碍了。实验表明，蝙蝠是用嘴和耳

朵共同来辨别方向、识别障碍的。

　　蝙蝠的嘴就是一个超声波发射器，能发出 2 万至 10 万赫兹的超声波。蝙蝠的嘴每隔一段时间就发出一次超声波，它发出的超声波碰到障碍物就反射回来。蝙蝠的耳朵是个灵敏的超声波接收器，它利用反射回来的超声波判断前方有没有障碍。蝙蝠就是这样判断飞行路线的前方是昆虫还是障碍物的。此外，蝙蝠还可以利用超声波辨别猎物是不是可以食用，说明它的体内可能存在着一种"声音感觉系统"，可以利用超声波"看"东西。

　　还有一些动物可以利用自身的超声波进行各种活动，科学家通过研究动物的这些习性，发展起一门新的学科，叫作仿生学。

为什么医生可以使用听诊器诊断病人换了什么病?

你还记得吗?当你咳嗽或者发烧的时候,妈妈带着你去医院,这时候,医生会用挂在脖子上的听诊器贴在你的胸前或背后,仔细地听。他听到了什么呢?

还是从那个听诊器说起吧。据说,很早的时候,医生是通过将耳朵贴在病人身体上的办法来听诊的,可是这样做既不卫生,效果也不太理想。后来,人们发明了听诊器,解决了这个问题。

听诊器是怎么发明的呢?一个偶然的机会,一位医生在公园里看到两个孩子用一段树枝贴在长椅上仿佛听着什么,他好奇地模仿孩子们的动作,他发现,声音比平时听起来要响得多,而且清楚得多,于是他就用空心木管做了一个听诊器。后来,听诊器经过不断改进,就逐渐变成了我们现在所熟知的样子。

我们现在常见的听诊器,贴在人身体上的部分是一个圆形的小盒,上面蒙着一层金属薄膜,它连在一段空心的橡皮管上,靠近医生两耳的部分是两条金属腿。

小朋友们大概都知道吧,我们在生病的时

候，身体里就会自动地产生一些变化，比如肺里有杂音，或心脏跳动不规律，有时候胸腔或腹腔还会有积水。通过听诊，可以听到这些变化，医生就可以对症下药了。

听诊器为什么要用金属和橡皮管制作呢？

原来啊，橡皮管不仅使用灵活，而且是一个密闭的空间，病人体内的声波振动后，听诊器内的密闭气体随之震动，传到耳塞的一端，由于腔道狭窄，气体的振幅就比前端要大很多，医生听到传来的声音也就大了很多。

这个现象你也可以观察到呢。比如，你拿一个贝壳，放到耳朵上仔细听，你是不是能听到里面气流的声音呢？那就做个小小的试验吧。

隔音墙为什么能隔音呢？

你知道吗，有的地铁部分线路是在地上的居民区通过的，这个部分常常建有一面隔音墙，用来阻隔地铁通过时发出的声音，减少附近居民受到的噪音干扰。

我们去过音乐厅吧，那里的声音似乎特别好听，声音传出去还能传回来，这也是墙在起作用，为了使声音保留在里边，也造了隔音墙，声音传到墙上又反射回来了，所以音乐厅就能把声音聚在一起。

我们知道，声音在空气中是可以传播的，要想隔音，就要阻断声音的传播。于是，人们就想出了一个办法，用厚墙或者一些能阻隔声音的材料建成墙壁，这样的墙壁可以阻断一部分声波，传到墙后面的声音就大大减弱了。

我们知道海绵特别容易吸水，把一块干的海绵放在水里，它会吸进去很多水呢。可是你知道吗？海绵也容易吸收声音呢。所以，有的隔音墙会使用海绵，还在上面做很多小孔，声音进入孔里后，就慢慢地被稀释了。

回声是怎么形成的？

要是你到大山里去旅游，远处有一面陡壁，你对着陡壁大喊一声，很快就会听到从远处传来的回声。同样，你也可以试着在空无一人的大礼堂里大喊一声，也会听到回声呢。为什么会产生回声呢？声波在传播过程中，碰到大的反射面（如建筑物的墙壁等），在界面将发生反射，一部分声音被吸收，另一部分声音被反射回来，这种反射回来的声音就叫回声。同样是因为声波反射的原因，如果你在坐满人的大厅里，就听不到回声了。因为人身上穿的柔软的衣服特别容易吸收声音，就连人的皮肤也会吸收一部分声波。

趣味问答